图灵程序
设计丛书

U0114119

程序员的
算法趣题❷

[日] 增井敏克 著　　郭虹霞 译

人民邮电出版社
北　京

图书在版编目（CIP）数据

程序员的算法趣题. 2 /（日）增井敏克著；郭虹霞
译. -- 北京：人民邮电出版社，2023.5
（图灵程序设计丛书）
ISBN 978-7-115-61630-2

Ⅰ.①程… Ⅱ.①增… ②郭… Ⅲ.①程序设计
Ⅳ.①TP311.1

中国国家版本馆CIP数据核字(2023)第065666号

内 容 提 要

在计算机技术发展日新月异的当下，"算法"是不变的重要基石。要想编写高效率
的程序，就需要优化算法。无论开发工具如何进化，熟识并能灵活运用算法仍然是对程
序员的基本要求。本书作者"寓教于题"，精心设计了70道算法趣题。所有问题都贴近
生活和实际应用，兼具实用性和趣味性。读者在自行思考和解题后，可以对比查看作者
分析的解题思路和关键点，阅读基于 Ruby 和 JavaScript 编程语言编写的源代码示例，
从而掌握不同的算法实现思路和程序优化技巧。

本书适合已经学习过排序、搜索等知名算法，并想要学习更多有趣的算法以提升编
程技巧、拓展程序设计思路的工程师，以及想挑战程序设计竞赛的读者阅读。

◆ 著　　　　[日]增井敏克
　　译　　　　郭虹霞
　　责任编辑　高宇涵
　　责任印制　胡　南

◆ 人民邮电出版社出版发行　　北京市丰台区成寿寺路11号
　　邮编　100164　　电子邮件　315@ptpress.com.cn
　　网址　https://www.ptpress.com.cn
　　涿州市京南印刷厂印刷

◆ 开本：880×1230　1/32
　　印张：10.75　　　　　　　2023年5月第1版
　　字数：386千字　　　　　2023年5月河北第1次印刷
　　著作权合同登记号　图字：01-2018-5345号

定价：69.80元
读者服务热线：(010)84084456-6009　印装质量热线：(010)81055316
反盗版热线：(010)81055315
广告经营许可证：京东市监广登字20170147号

前言

我们在刚开始接触编程时，只要跟着教科书学习，就能一点一点地学会很多东西。但学完基础内容之后，编程的进步速度就因人而异了。

对于工作中的项目开发，我们往往要按照客户的需求去推进，而且是与同事相互配合，按照技能分工协作的，所以通常不会出现什么大问题。在这个过程中，我们的个人技能也会一点一点地提高。但是，对于工作以外的项目开发，我们就可能在编程时碰壁。

譬如，有的人会不知道自己想做什么东西。这种情况在那些把编程当作学习任务的人中尤为常见。他们只是因为学校有这门课，或者将来可能会用到，所以才会去学习编程，并不知道自己真正想实现的是什么东西。因此，即便学习了编程，他们也不知道该如何应用所学的知识，而且缺乏坚持下去的动力。

有的人知道自己想做的是什么，但在具备了相应的能力后，却不知该如何下手。编程虽渐入佳境，但重复造轮子也没有意义。虽然想做一个新东西，但想不出来该怎么做，这可以说是缺乏"策划能力"的表现。

另外，那些知道自己想做什么，并且正在为了实现目标而努力学习的人，还会碰到另一个问题，那就是"永远无法实现的程序"。具体来说，就是他们想开发出高水准的程序，但要达到那种水准需要投入大量的时间，或者只靠一个人根本无法实现。

之所以会出现这些情况，是因为我们所处的世界已经获得了长足的发展。在没有 Windows 操作系统也没有互联网的年代，程序能做的事情非常有限。那时的 CPU 很慢，内存也不够大，人们能使用的只有控制台。在这种环境下，人们从教科书中学到的内容可以直观地与想要实现的程序联系起来。

但是，时代已经发生了天翻地覆的变化。设计精巧的智能手机应用、3D游戏等相继面世，一旦习惯了这样的环境，我们学到的标准输入／输出和算法就很难与现实中的各种应用联系起来。

标准输入／输出和算法的知识非常重要，前者涉及程序内部的运行机制，后者则有助于我们调试程序。但是，如果我们想做的东西过于庞杂，理想和现实之间就会出现难以想象的鸿沟。一旦产生了"一直这么学下去，也不知道什么时候才能实现目标"的念头，学习就会原地踏步。

对于正受此类问题困扰的人而言，解答本书中的数学谜题也许能帮助你找到些许答案。本书中设置的问题非常明确，解答起来并不需要投入太多的时间。

具体来说，本书中的问题是从以下几个角度来设计的。

· 尽可能地以贴近生活的案例为主，让读者能感受到解答谜题的乐趣
· 源代码比较简短，用极少的时间就能实现
· 用简单的数字就能处理输入和输出
· 稍加琢磨后就能缩短处理时间，让读者能从中体会到成就感

当然，并不是所有问题都满足上面 4 点。有些问题必须多写几行代码才能解决，而有些问题不费功夫就能得出答案。

但总体来看，不断求解这些问题也许能让各位读者受到启发，为大家学习编程排忧解难。就像小学生在学习算术时反复做练习题一样，我希望读者也可以通过反复解决问题来掌握编程语言的特征和编程技巧。

致谢

在为 IT 工程师提供业务技能评估服务的网络平台 CodeIQ 上有一个名为"本周算法"的栏目。我在这个栏目中担任出题人，本书中的问题皆出自这个栏目。当然，这里对原问题稍微进行了修改和补充。感谢每周在我出题后负责检查题目的山本有悟先生，以及 CodeIQ 的其他工作人员。

另外，还要感谢积极参与"本周算法"挑战的各位答题者。正是因为有你们，我才能一直坚持出题。真的非常感谢大家！

本书概要

本书为 70 道数学谜题编写了解题程序。每个问题大致分为"问题页"和"讲解页"两部分。"问题页"从单页起，请读者先通读问题描述，再动手编写程序尝试解题。在这个过程中，具体的实现方法是其次的，最重要的是思考"通过哪些步骤来实现才能够解决问题"。

翻过问题页就能看到思路讲解和源代码示例了。请读者留意自己在编程时对处理速度、可读性等所做的优化，和本书提供的源代码示例之间有什么不同。如果事先看了思路讲解和答案，就会失去解题的乐趣，所以建议各位读者先编程解题，再看讲解页。

问题页

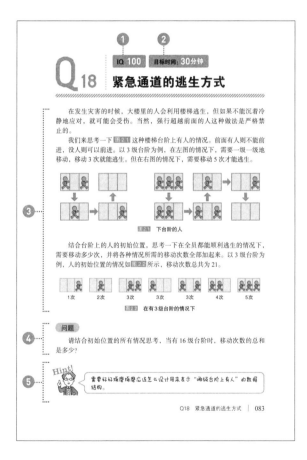

① IQ

本书问题的难度逐章递增，每道题的 IQ 则是一个更加明确的难度提示。

② 目标时间

解题需要的标准思考时间。

③ 问题的背景

为了让读者更容易理解问题，这里会提供问题的背景。

④ 问题

这里是问题描述，在读者了解背景后设问，引导读者编程并解题。

⑤ 提示（Hint）

有助于解题的提示。

讲解页

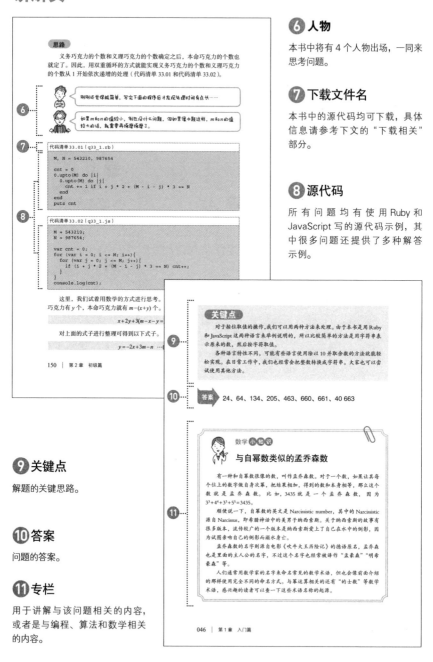

⑥ 人物

本书中将有 4 个人物出场，一同来思考问题。

⑦ 下载文件名

本书中的源代码均可下载，具体信息请参考下文的 "下载相关" 部分。

⑧ 源代码

所有问题均有使用 Ruby 和 JavaScript 写的源代码示例，其中很多问题还提供了多种解答示例。

⑨ 关键点

解题的关键思路。

⑩ 答案

问题的答案。

⑪ 专栏

用于讲解与该问题相关的内容，或者是与编程、算法和数学相关的内容。

出场人物介绍

中村
在 SE 股份有限公司上班的年轻程序员。文科出身，数学是他的短板。他正在学习算法，在向前辈和山崎学习编程的过程中感受到了编程的奥妙，逐渐对编程产生了兴趣。

山崎
中村的上司。在进度管理方面很严苛，但懂得体谅下属，会给组员切身的建议，喝酒也很豪爽。从小就喜欢数学，是公司"数学之美座谈会"（有 3 名会员，其中一名是机器人）的主力。

前辈
SE 股份有限公司前员工，自由职业者。现在经常以业余活动参与者的身份出入公司，常常给公司的后辈灌输编程的乐趣。从前在公司工作时，因为超乎常人的编程速度，留下了"脑中植入了内存的半机器人"的传说。

小爱
由 SE 股份有限公司研发的 AI 机器人（实验款），用于程序员培训。小爱对浪费内存的程序十分敏感。

下载相关

本书讲解页上记载的源代码可以通过以下网址下载。

> **URL** ituring.cn/book/2656

下载文件的著作权归作者及出版社（翔泳社、人民邮电出版社）所有。未经允许，不能通过网络传播和转载。

此外，源代码已在以下执行环境中验证。
- Ruby 2.5.0
- JavaScript（ECMAScript 2016）

目录

第2章 初级篇 ★★

通过内存化等方式提高处理速度 ·· 079

第3章 中级篇 ★★★
利用数学思维实现高速处理 ·················· 173

第4章 高级篇 ★★★★

正确实现复杂的处理 ⸱⸱ **271**

序章

解答谜题的技巧

掌握典型的处理方式

假设我们现在要实现一个业务系统。有时客户会提供现成的计算公式，我们只要按照公式去实现就可以了，但有时又需要我们自己去思考如何计算，这时就必须考虑算法的效率问题了。

如果遇到的是未知的问题，想出一个新的算法简直难于登天。好在大多数时候，我们可以直接使用研究人员已经发现的那些高效的算法，毫不费力地进行编程。但是，要想使用那些算法，也必须提前了解各种问题的解题方法才行。

以入学考试为例，我们在备考期间做历年真题的意义就在于此。如果事先知道"有没有类似的问题""需要花多长时间才能解决"，就能判断出某个程序是否可以实现，并估算出实现需要花费的时间。

但是，针对某个问题，如果完全没见过与之类似的问题，那么可能就很难去解决了。比如在解答谜题时，如果连下面这些基本的算法知识都不懂，解题所花的时间可能就会超乎想象。

- 排序（选择排序、冒泡排序、快速排序、归并排序等）
- 搜索（线性搜索、二分查找、深度优先搜索、广度优先搜索、双向搜索等）
- 最短路径问题 [迪杰斯特拉（Dijkstra）算法、贝尔曼 – 福特（Bellman–Ford）算法等]

如果你没有听说过这些名词，最好在阅读本书之前看一下其他的算法入门书。对于学过这些算法的读者，本书的练习能够帮助你进一步学习算法。

例题 1 内存化和动态规划算法

在解答谜题时，很多处理会重复相同的计算，尤其是在解决递归问题时。将计算过一次的结果用在其他地方，可以提高程序的处理速度。

例如，我们来思考下面的问题。虽然单纯用递归处理也能解决，但如果用一些技巧，能大幅度缩短处理时间。

例题

一群人去餐厅用餐，决定分桌坐，在分桌时要避免出现 1 张桌子只有 1 个人的情况。

此时，如果只考虑基于人数的分法，不考虑谁坐在哪一桌，那么以 6 人为例，共有以下 4 种分法。

- 2 人 + 2 人 + 2 人
- 2 人 + 4 人
- 3 人 + 3 人
- 6 人

如果 1 张桌子最多能坐 10 人，那么当有 100 人需要分桌坐时，有多少种分法？

思路

如果给第 1 张桌子分配的人数已定，那么剩下的人只能被分配到剩余的桌子上。这时，桌子数要减去 1，剩下的人数则是总人数减去分配到第 1 张桌子的人数（ 图0.1 ）。

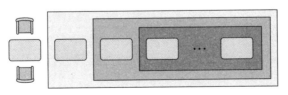

图0.1 第 1 张桌子和剩余的桌子

由于桌子的数量没有上限，所以只要考虑人数的分配方式即可。因此，我们来考虑接下来是分配与之前那桌相等的人数，还是分配多于之前那桌的人数。

换句话说，只要知道剩余人数和之前那桌分配的人数，就可以递归地进行搜索。这样一来，我们就能知道程序的处理可以用"剩余人数"和"之前那桌分配的人数"这两个参数来实现。

我们先根据问题描述来实现程序，请看代码清单 pre01.01 和代码清单 pre01.02。

代码清单 pre01.01（pre1_1.rb）

```ruby
M, N = 10, 100

def check(remain, pre)
  # 没人可分配则结束
  return 0 if remain < 0
  return 1 if remain == 0

  cnt = 0
  pre.upto(M) do |i| # 分配到桌子的人数
    cnt += check(remain - i, i)
  end
  cnt
end

puts check(N, 2)
```

代码清单 pre01.02（pre1_1.js）

```javascript
M = 10;
N = 100;

function check(remain, pre){
  // 没人可分配则结束
  if (remain < 0) return 0;
  if (remain == 0) return 1;
  var cnt = 0;
  for (var i = pre; i <= M; i++){ // 分配到桌子的人数
    cnt += check(remain - i, i);
  }
  return cnt;
}

console.log(check(N, 2));
```

 答案　437 420 种

按照上面的方式虽然可以求出答案，但随着人数的增加，处理时间会呈指数级增长。这种处理方式的问题在于重复进行了相同人数的计算。我们可以试着改一下，把用过一次的值保存起来，在下次需要给同一个参数赋值时，直接返回保存的值就可以了（代码清单 pre01.03 和代码清单 pre01.04）。

代码清单 pre01.03（pre1_2.rb）

```ruby
M, N = 10, 100

@memo = {}
def check(remain, pre)
  # 如果前面计算过，则返回前面计算后得到的值
  return @memo[[remain, pre]] if @memo[[remain, pre]]

  # 没人可分配则结束
  return 0 if remain < 0
  return 1 if remain == 0

  cnt = 0
  pre.upto(M) do |i|
    cnt += check(remain - i, i)
  end
  # 保存计算结果
  @memo[[remain, pre]] = cnt
end

puts check(N, 2)
```

代码清单 pre01.04（pre1_2.js）

```javascript
M = 10;
N = 100;

var memo = {};
function check(remain, pre){
  // 如果前面计算过，则返回前面计算后得到的值
  if (memo[[remain, pre]]) return memo[[remain, pre]];

  // 没人可分配则结束
  if (remain < 0) return 0;
  if (remain == 0) return 1;

  var cnt = 0;
  for (var i = pre; i <= M; i++){
    cnt += check(remain - i, i);
  }
  // 保存计算结果
  return memo[[remain, pre]] = cnt;
}

console.log(check(N, 2));
```

上述例子都在处理的最后保存了计算结果，这样一来，在后面的处理中，只要在处理的开头让程序返回保存的那个值就可以了。像这样使用存储好的值，可以迅速提升处理速度。在进行递归处理时，保存执行的结果，并在之后的处理中重复使用该结果的方法叫作内存化。

另外，上面这个解题方法是用递归函数来实现的，我们也可以用循环的方式来实现。如果用两个轴来表示就餐人数和每张桌子可分配人数的最大值，并像 图 0.2 那样统计分法，那么就可以通过从比较小的数（图 0.2 的左上角）开始，按顺序填入的方式来实现。

每张桌子可分配人数的最大值 ＼ 就餐人数	0	1	2	3	4	5	6	7	8	9	10	11	12	…
0	1	0	0	0	0	0	0	0	0	0	0	0	0	…
1	1	0	0	0	0	0	0	0	0	0	0	0	0	…
2	1	0	1	0	1	0	1	0	1	0	1	0	1	…
3	1	0	1	1	1	1	2	1	2	2	2	2	3	…
4	1	0	1	1	2	1	3	2	4	3	5	4	7	…
5	1	0	1	1	2	2	3	3	5	5	7	7	10	…
6	1	0	1	1	2	2	4	3	6	6	9	9	14	…
7	1	0	1	1	2	2	4	4	6	7	10	11	16	…
8	1	0	1	1	2	2	4	4	7	7	11	12	18	…
…	…	…	…	…	…	…	…	…	…	…	…	…	…	…

图 0.2　通过循环方式推演的示意图

也就是说，先把就餐人数是 0 的那一列赋为 1，然后从每张桌子可分配人数的最大值为 2 开始，反复计算所求单元格左边的数和上边的数之和，就能得到上面的表。

代码清单 pre01.05 和代码清单 pre01.06 是基于二重循环编写的示例代码，非常简洁。

```
代码清单 pre01.05（pre1_3.rb）

 M, N = 10, 100

 table = Array.new(M + 1){Array.new(N + 1){0}}

 0.upto(M){|i| table[i][0] = 1}
```

```
1.upto(M) do |i|
  2.upto(N) do |j|
    if (i >= 2) && (j >= i)
      table[i][j] = table[i][j - i]
    end
    table[i][j] += table[i - 1][j] if i > 2
  end
end

puts table[M][N]
```

代码清单pre01.06（pre1_3.js）

```
M = 10;
N = 100;

var table = new Array(M + 1);
for (var i = 0; i <= M; i++){
  table[i] = new Array(N + 1);
  for (var j = 0; j <= N; j++) table[i][j] = 0;
}

for (var i = 0; i <= M; i++)
  table[i][0] = 1;

for (var i = 1; i <= M; i++){
  for (var j = 2; j <= N; j++){
    if ((i >= 2) && (j >= i))
      table[i][j] = table[i][j - i];
    if (i > 2) table[i][j] += table[i - 1][j];
  }
}

console.log(table[M][N]);
```

　　这种方法叫作动态规划算法。听起来好像有点难，但如果你把它理解成就是将用过一次的计算结果存储起来，也就不难了。

　　本书会多次用到内存化这一实现方式。

我们再来看看排列组合，它们经常作为数学类解题方法被用来破解谜题。高中数学中经常出现"从 n 个物品里取出 r 个"这类问题。这类问题可以分为考虑排列顺序的"排列"和考虑选取方法的"组合"。

排列通常写作 P_n^r，通过简单的乘法就能求解。例如 $P_5^3 = 5 \times 4 \times 3 = 60$。一般来说，排列可以用下面的数学公式计算出来。

$$P_n^r = n \times (n-1) \times (n-2) \times \cdots \times (n-r+1)$$

这部分按顺序相乘即可，用简单的处理逻辑就能实现（代码清单 pre02.01 和代码清单 pre02.02）。

代码清单 pre02.01（pre2_1.rb）

```ruby
def nPr(n, r)
  result = 1
  n - r + 1.upto(n) do |i|
    result *= i
  end
  result
end
```

代码清单 pre02.02（pre2_1.js）

```javascript
function nPr(n, r){
  var result = 1;
  for (var i = n - r + 1; i <= n; i++){
    result *= i;
  }
  return result;
}
```

组合个数的计算则相对复杂一些，我们可以用多种编程方式来实现。组合通常写作 C_n^r，可以用下面的数学公式计算出来。

$$C_n^r = \frac{n!}{r!(n-r)!} = \frac{n \times (n-1) \times (n-2) \times \cdots \times (n-r+1)}{r!}$$

如果用 Ruby 或 JavaScript 通过递归处理内存化的方式来实现，则程序如代码清单 pre02.03 和代码清单 pre02.04 所示。

代码清单 pre02.03（pre2_2.rb）

```
@memo = [1]
def factorial(n)
  return @memo[n] if @memo[n]
  @memo[n] = n * factorial(n - 1)
end

def nCr(n, r)
  factorial(n) / (factorial(r) * factorial(n - r))
end
```

代码清单 pre02.04（pre2_2.js）

```
var memo = [1];
function factorial(n){
  if (memo[n]) return memo[n];
  return memo[n] = n * factorial(n - 1);
}

function nCr(n, r){
  return factorial(n) / (factorial(r) * factorial(n - r));
}
```

但是，在使用这种方法的情况下，如果 n 的值变大，分母和分子的值就会变大，在使用某些编程语言时就无法正确地进行计算。例如，在使用 JavaScript 的情况下，计算中途会变成对浮点型数据的计算。

因此，在编程中也经常用到下面这种递归的定义。这种方法可以使程序更加简洁，把程序的大小控制在一定范围内，所以本书中大量采用了这种定义。具体实现如 pre02.05 和代码清单 pre02.06 所示。

$$C_n^r = C_{n-1}^{r-1} + C_{n-1}^r$$

代码清单 pre02.05（pre2_3.rb）

```
@memo = {}
def nCr(n, r)
  return @memo[[n, r]] if @memo[[n, r]]
  return 1 if (r == 0) || (r == n)
  @memo[[n, r]] = nCr(n - 1, r - 1) + nCr(n - 1, r)
end
```

```
var memo = {};
function nCr(n, r){
  if (memo[[n, r]]) return memo[[n, r]];
  if ((r == 0) || (r == n)) return 1;
  return memo[[n, r]] = nCr(n - 1, r - 1) + nCr(n - 1, r);
}
```

但这种方法也有缺陷：由于递归层级较深，所以如果 n 的值变大，就会导致栈空间不足。因此，有时也会使用下面这种递推公式来实现。当使用递推公式实现的时候，可以通过循环处理来实现，这样就不会消耗栈空间了。

$$C_n^r = C_n^{r-1} \times \frac{n-r+1}{r}, \ C_n^0 = 1$$

如果处理会反复用到，我们还可以考虑像代码清单 pre02.07 和代码清单 pre02.08 这样让处理内存化。

代码清单02.07（pre2_4.rb）

```
def nCr(n, r)
  result = 1
  1.upto(r) do |i|
    result = result * (n - i + 1) / i
  end
  result
end
```

代码清单02.08（pre2_4.js）

```
function nCr(n, r){
  var result = 1;
  for (var i = 1; i <= r; i++){
    result = result * (n - i + 1) / i;
  }
  return result;
}
```

读者可以从下一章开始试着用本章列举的技巧来解决实际问题。另外，本书中的源代码仅用作示例，不排除有更高效的实现方式。各位不妨开动脑筋想一想。

第 1 章

入门篇

动手编程
寻找感觉

思考多种解题方法

人们在工作中进行编程时，有时会纠结程序该怎么实现比较好。纠结的原因有很多，比如是提升处理效率好，还是提高稳定性好等。有时迫于交付期限的压力，没有时间重写程序，于是选择了在当时看来最合适的方式进行开发。这也是没有办法的事。

但在解答谜题时，情况就不一样了。对于那些已经有正确答案的问题，我们必须要思考哪种解题方法更好。这种情况也许和做数学题类似。

例如数学计算题，其答案是唯一的。1+2+3+4+5+6+7+8+9 的答案是45，但解题方法有很多种。我们既可以单纯地将各个数相加，也可以用等差数列得到答案，还可以用高斯在小学时就用过的倒序相加的方法进行计算（ 图 1.1 ）。

$$1+2+3+4+5+6+7+8+9$$

$$3$$
$$6$$
$$10$$
$$\cdots$$

$$\frac{1}{2}n(2a+(n-1)d)$$

$$=\frac{1}{2}\times 9\times(2+8)$$

$$=45$$

$$1+2+3+4+5+6+7+8+9$$
$$+9+8+7+6+5+4+3+2+1$$
$$\overline{10+10+10+\cdots+10+10+10}$$

$$90\div 2=45$$

图 1.1　计算题的各种解法（从左往右依次是单纯相加、等差数列和倒序相加）

用于解答谜题的程序也是一样的。虽然答案只有一个，但是各个问题的解题方法和思路有所不同。正因为它们各不相同，问题的价值（求解的乐趣）才得以体现出来。

在掌握多种解题思路后，也许我们就能将这些解题思路用在现实场景中。在知道了多种解题方法后，我们还能研究和比较它们的利弊。

IQ **70** 目标时间：**20分钟**

Q01 | 少数服从多数

少数服从多数的方式常在人们意见不一致时使用。该方式简单明了，所以除了政界，学校和公司也常通过它来表决。这里，我们来思考一个使用了猜拳的少数服从多数的方式，具体规则如下。

每个人只能出"石头""剪刀""布"中的1种手势，出哪一种的人数最多，则哪些人获胜。比如，当参加者有6人时，既可能出现 表1.1 那种一次定胜负的情况，也可能出现 表1.2 那种胜负未决的情况。

当一定数量的人猜拳时，一次就能定胜负的人数组合方式有多少种呢？以4人为例，表1.3 列出了所有可能的组合方式，一共有12种。

问题

当100人猜拳时，一次就能定胜负的人数组合方式有多少种呢？

表1.1 胜负可定的情况

石头	剪刀	布	结果
3人	2人	1人	出"石头"的获胜
1人	4人	1人	出"剪刀"的获胜

表1.2 胜负未决的情况

石头	剪刀	布	结果
2人	2人	2人	出这三种手势的人数相等，无法决出胜负
3人	0人	3人	出"石头"和"布"的人数相等，无法决出胜负

表1.3 当4个人猜拳时，组合方式有12种

石头	剪刀	布	结果
0人	0人	4人	出"布"的获胜
0人	1人	3人	出"布"的获胜
0人	2人	2人	无法决出胜负
0人	3人	1人	出"剪刀"的获胜
0人	4人	0人	出"剪刀"的获胜
1人	0人	3人	出"布"的获胜
1人	1人	2人	出"布"的获胜
1人	2人	1人	出"剪刀"的获胜
1人	3人	0人	出"剪刀"的获胜
2人	0人	2人	无法决出胜负
2人	1人	1人	出"石头"的获胜
2人	2人	0人	无法决出胜负
3人	0人	1人	出"石头"的获胜
3人	1人	0人	出"石头"的获胜
4人	0人	0人	出"石头"的获胜

思路

猜拳的手势有石头、剪刀、布这 3 种，我们可以数一下出各种手势的人数。一次定胜负指的就是，出的人数最多的手势只有 1 种的情况。

 1 个人能出 3 种手势，100 个人就能出 3100 种手势？似乎不可能算出来呀……

 是不是只考虑出各种手势的人数就可以了？出其中两种手势的人数确定了以后，出剩下那一种手势的人数也就能确定了，对吧？

 我试了一边改变出各种手势的人数，一边找出人数最多的那一种手势（代码清单 01.01 和代码清单 01.02）。

代码清单 01.01（q01_1.rb）

```ruby
N = 100

cnt = 0
0.upto(N) do |rock|                    # 出 "石头" 的人数
  0.upto(N - rock) do |scissors|       # 出 "剪刀" 的人数
    paper = N - rock - scissors        # 出 "布" 的人数
    all = [rock, scissors, paper]
    cnt += 1 if all.count(all.max) == 1
  end
end
puts cnt
```

代码清单 01.02（q01_1.js）

```javascript
N = 100;

var cnt = 0;
for (var rock = 0; rock <= N; rock++){ // 出 "石头" 的人数
  for (var scissors = 0; scissors <= N - rock; scissors++){
    // 出 "剪刀" 的人数
    var paper = N - rock - scissors; // 出 "布" 的人数
    if (rock > scissors){
      if (rock != paper)
        cnt++;
    } else if (rock < scissors) {
      if (scissors != paper)
        cnt++;
    } else {
      if (rock < paper)
        cnt++;
```

```
    }
  }
}
console.log(cnt);
```

 在 Ruby 程序里，if 语句中指定的条件是什么意思呢？

 它表示在石头、剪刀和布中，只有 1 种手势的人数出现了最大值。也就是说，它表示出的人数最多的手势只有 1 种。

 在 JavaScript 程序中，一开始比较的是出"石头"和"剪刀"的人数，然后将数值大的一方和出"布"的人数进行比较，这样就可以求得"出的人数最多的手势有多少种"。

 还有一种基于划分的实现方法，具体如下所示。这种方法在处理速度上与前面的方法一样。

关键点

以 4 人为例，我们可以在石头、剪刀、布之间放置分隔符来表示各种组合。假设用"○"表示人，第 1 个"|"之前是出"石头"的人，第 1 个"|"和第 2 个"|"之间是出"剪刀"的人，这之后是出"布"的人。于是，这个问题就可以转换成"求 4 个○和 2 个 | 有多少种组合方式"的问题（图 1.2）。

在研究组合方式时经常会用到这种方法，大家要学会这种解题思路。

○○○○||	○○○|○|	○○○||○	○○|○○|
○○|○|○	○○||○○	○|○○○|	○|○○|○
○|○|○○	○||○○○	|○○○○|	|○○○|○
|○○|○○	|○|○○○	||○○○○	

图 1.2　用分隔符来思考组合方式

我们用 l（left）表示左边放分隔符的地方，用 r（right）表示右边放分隔符的地方（代码清单 01.03 和代码清单 01.04）。

代码清单 01.03（q01_2.rb）

```ruby
N = 100

cnt = 0
0.upto(N) do |l|      # 左边的分隔符的位置
  l.upto(N) do |r|    # 右边的分隔符的位置
    all = [l, r - 1, N - r] # 分别表示出石头、剪刀、布的人数
    cnt += 1 if all.count(all.max) == 1
  end
end
puts cnt
```

代码清单 01.04（q01_2.js）

```javascript
N = 100;

var cnt = 0;
for (l = 0; l <= N; l++){     // 左边的分隔符的位置
  for (r = l; r <= N; r++){   // 右边的分隔符的位置
    if (l > r - 1){           // 当出"石头"的人数多于出"剪刀"的人数时
      if (l != N - r)         // 当出"石头"的人数和出"布"的人数不同时
        cnt++;
    } else if (l < r - 1){    // 当出"剪刀"的人数多于出"石头"的人数时
      if (r - 1 != N - r)     // 当出"剪刀"的人数和出"布"的人数不同
        cnt++;
    } else {                  // 当出"石头"的人数和出"剪刀"的人数一样时
      if (l < N - r)          // 当出"布"的人数最多时
        cnt++;
    }
  }
}
console.log(cnt);
```

感觉代码没怎么变啊……

这是"重复组合"方法。"从 n 个不同种类的东西中选取 r 个（可以重复）的方法"与"把 r 个○和 $n-1$ 个分隔符排成一列的方法"一一对应。这种方法很有名，要记住哦。

答案　5100 种

Q02 | 山手线的印章比赛

我们来看一下山手线的印章比赛。假设所有车站都有印章，参与者必须在进站的车站和出站的车站盖章。印章在检票口里面，进站后可以在不出站的情况下收集印章。

山手线是东京都内的一条环状地铁线，一共有 29 个车站。这里假设不能通过山手线换乘其他路线，并且只能在山手线单向通行。参与者购买单程车票，从一个车站到另一个车站，每个车站只能通过一次（中途逆行就算违反规则）。

假设印章卡上能够盖所有车站的印章，且山手线上的各站用 1～29 按顺序编了号。

问题

如果从 1 号车站进入，从 17 号车站出站，则一共有多少种盖章方式（ **图1.3** ）？

图1.3 问题的示意图

Hint!

如果不在沿途车站盖章，那么无论是走内环还是走外环[1]，盖的印章数都一样（只有 2 个）。

----

① 山手线是环形运行的，靠内侧运行的叫作内环，在其外侧反向运行的叫作外环。我国是右侧通行，所以内环是顺时针，外环是逆时针，而日本是左侧通行，所以内外环运行的方向与我国的情况恰好相反。——编者注

思路

为了简化问题，我们可以把车站想象成笔直的一列，而不是一个圆环。由于不能逆行，所以我们只要考虑参与者在各站是否下车即可，由此便能求出组合数。

比如，在有 1、2、3、4、5 这 5 个车站的情况下，组合方式一共有 8 种，具体如 图 1.4 所示。

1→2→3→4→5	1→2→3→5	1→2→4→5	1→3→4→5
1→2→5	1→3→5	1→4→5	1→5

图1.4　有5个车站的情况

因为我们一定会在进站和出站的两个车站盖章，所以只要思考是否在 2号、3 号和 4 号车站下车即可。用 $2×2×2$ 就能求出结果。也就是说，如果"中间的车站数"有 n 个，组合方式就有 2^n 种。

比较"出站的车站号"和"进站的车站号"可以求出中间经过的车站数。

有可能进站的车站号更大一些，所以结果要取绝对值。

内环和外环的情况要怎么考虑呢？

正如 Hint 部分提示的那样，如果不在沿途车站盖章，那么无论是走内环还是走外环，盖章的顺序都一样。这种组合方式是重复的，所以要去重（代码清单 02.01 和代码清单 02.02）。

```
代码清单 02.01（q02.rb）

N = 29

# 设置进站和出站的车站号
a, b = 1, 17

# 求中间经过的车站数
n = (a - b).abs

# 将内环和外环的情况相加后，去掉重复的部分
puts (1 << (n - 1)) + (1 << (N - n - 1)) - 1
```

代码清单02.02（q02.js）

```
N = 29;

var a = 1;
var b = 17;
var n = Math.abs(a - b);

console.log((1 << (n - 1)) + (1 << (N - n - 1)) - 1);
```

关键点

在求 2^n 时，用到了移位运算符 "<<"。"<<" 是左移运算符，1<<3 表示将二进制数 1 左移 3 位，右侧的空位补零（ 图 1.5 ）。

十进制数	二进制数
1	0001
2	0010
3	0011
4	0100
5	0101
6	0110
7	0111
8	1000
9	1001
10	1010
11	1011
12	1100

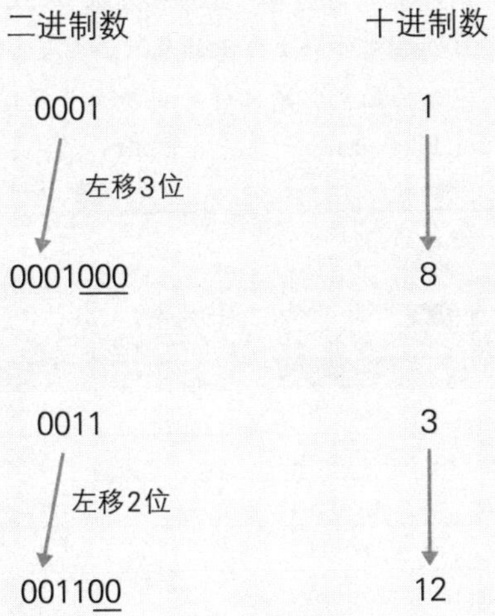

二进制数　　　　　　十进制数

0001　　　　　　　　　1

↓左移3位

0001<u>000</u>　　　　　8

0011　　　　　　　　　3

↓左移2位

0011<u>00</u>　　　　　12

图 1.5　左移运算符

左移 1 位，表示的数就会变成原数的 2 倍，右移 1 位，则会缩小为原数的 1/2，所以要计算 2 的 n 次方，只要将二进制数 1 往左移 n 就可以了。

在计算 a 的 b 次方时，在使用 Ruby 的情况下可以写成 a ** b，在使用 JavaScript 的情况下可以写成 Math.pow(a, b)，但如果底数是 2，即如果求的是 2 的乘方，那么使用移位运算符的处理速度会更快。

※ 根据 ES2016，在使用 JavaScript 的情况下也能写成 a ** b 的形式。

答案 36 863 种

前辈的 小讲堂

实用的位运算

除了在本题中用到的移位运算，AND、OR、XOR 等位运算（逻辑运算）也很常用。位运算不仅能让代码变得简洁，提高处理速度，还能在一份数据中融入多条信息。

使用位运算容易给人一种"技术狂"的印象，但其实在实际工作中我们经常会用到它。例如，在开发 Windows 应用程序时，我们经常用位运算判断文件和文件夹的属性。

已经保存的文件会被赋予"只读""隐藏"等各种属性。这部分是通过 FileAttributes 枚举来管理的。各类属性使用 1, 2, 4, 8, 16, …这种 2 的乘方的枚举常量来定义。 表1.4 中列出了这些属性，各个属性按比特位赋特定的值。

表1.4 FileAttributes 的属性

成 员 名	说 明	实 际 值
ReadOnly	只读	1
Hidden	隐藏	2
System	系统文件	4
Directory	目录	16
Archive	存档	32
…	…	…

例如，我们可以按照下面的方式使用 AND 来判断文件是否设置了只读位。

```
attr = File.GetAttributes("文件名")
if (attr & FileAttributes.ReadOnly) == FileAttributes.
ReadOnly
```

Q03 | 罗马数字的转换规则

手表的表盘上常用罗马数字。我们去国外旅行时可以发现，随处都能看到罗马数字，比如历史建筑物的表面等。如果我们不了解"转换规则"，就不知道那些数字表示的是多少。

这里，我们来研究一下罗马数字。罗马数字使用的是 表1.5 中的符号。

表1.5　阿拉伯数字和罗马数字的对照表

阿拉伯数字	1	5	10	50	100	500	1000
罗马数字	I	V	X	L	C	D	M

这个表里没有的罗马数字可通过加法的方式来表示，但这样一来，1个数就会有多种表现形式。这时，要从这些表现形式中选取用字较少的一种，并按照大数在左的规则从左往右排列。例如，27可以表示成10+10+5+1+1，所以写作 XXVII。

不过，罗马数字的表现形式中还有一条规则：连续排列的相同字符，其数量要少于4（不包含4）个。举个例子，4不能写成 IIII，9不能写成 VIIII。这时，要通过减法运算把较小的数字写在较大的数字的左边，比如4要写成IV，9要写成 IX。

另外，罗马数字能够使用的符号只到 M（1000），所以它最大只能表示到3999。

问题

12个罗马数字的符号一共能表示多少个符合规则的罗马数字呢？

例如，1个符号可以表示的罗马数字有 I、V、X、L、C、D、M 这7个，而15个符号可以表示的罗马数字只有 MMMDCCCLXXXVIII（3888）这1个。

Hint!

尝试用罗马数字表示阿拉伯数字1～3999，并统计使用的字符数量，就能求出结果。

思路

正如 Hint 部分提示的那样，如果能把每个阿拉伯数字都转换成罗马数字，那么只要数一数一共有多少个字符就可以了。因此，我们需要思考一下如何将阿拉伯数字转换成罗马数字。

首先，根据基础字符表（本题中的 表 1.5 ）找规律。

规律……阿拉伯数字的最高位按照 1、5、1、5……不断重复，我只发现了这个。

按照 1、5、1、5……不断重复，说明阿拉伯数字的位数不是只在 1、10、100、1000 的部分增加。

在读数字的时候，我们会考虑数位。除了个、十、百、千这种划分方式，超过了万位的话，还可以将这些数位组合起来使用，例如将 13 000 000 读作"一千三百万"，而英语中是像 tenthousand 这样按千来划分的。

在把阿拉伯数字转换成罗马数字时，我们也可以试着按照数位来进行划分。首先，为了按 1、10、100、1000 来划分，我们要用除法求余数。当余数是 4、9、40、90、…时，可以直接将阿拉伯数字转换成罗马数字。

当余数是别的数时，就要再除以 5、50、500……，进一步求余数。我们按照 表 1.6 这种方式整理之后会发现，颜色相同的地方，罗马数字的递增方式也一样，是有规律可循的。

表 1.6　**余数的规律**

阿拉伯数字	1	2	3	5	6	7	8
罗马数字	I	II	III	V	VI	VII	VIII
阿拉伯数字	110	120	130	150	160	170	180
罗马数字	CX	CXX	CXXX	CL	CLX	CLXX	CLXXX

我们来根据这张表进行编程。具体的实现方式如代码清单 03.01 和代码清单 03.02 所示。

```
代码清单 03.01（q03.rb）

N = 12

# 转换一位
```

```
def conv(n, i, v, x)
  result = ''
  if n == 9
    result += i + x
  elsif n == 4
    result += i + v
  else
    result += v * (n / 5)
    n = n % 5
    result += i * n
  end
  result
end

# 转换为罗马数字
def roman(n)
  m, n = n.divmod(1000)
  c, n = n.divmod(100)
  x, n = n.divmod(10)
  result = 'M' * m
  result += conv(c, 'C', 'D', 'M')
  result += conv(x, 'X', 'L', 'C')
  result += conv(n, 'I', 'V', 'X')
  result
end

cnt = Hash.new(0)
1.upto(3999){|n|
  cnt[roman(n).size] += 1
}
puts cnt[N]
```

代码清单 03.02（q03.js）

```
N = 12;

// 转换一位
function conv(n, i, v, x){
  var result = '';
  if (n == 9)
    result += i + x;
  else if (n == 4)
    result += i + v;
  else {
    for (j = 0; j < Math.floor(n / 5); j++)
      result += v;
    n = n % 5;
    for (j = 0; j < n; j++)
      result += i;
  }
  return result;
}
```

```javascript
// 转换为罗马数字
function roman(n){
  var m = Math.floor(n / 1000);
  n %= 1000;
  var c = Math.floor(n / 100);
  n %= 100;
  var x = Math.floor(n / 10);
  n %= 10;
  var result = 'M'.repeat(m);
  result += conv(c, 'C', 'D', 'M');
  result += conv(x, 'X', 'L', 'C');
  result += conv(n, 'I', 'V', 'X');
  return result;
}

var cnt = {};
for (i = 1; i < 4000; i++){
  var len = roman(i).length;
  if (cnt[len]){
    cnt[len] += 1;
  } else {
    cnt[len] = 1;
  }
}
console.log(cnt[N]);
```

这里提取了公共处理部分，也就是用阿拉伯数字除以 10、100、1000，并使用求得的商和余数进行转换的处理。这么做可以使程序变得简单。

整理好公共处理部分后，计算机只要执行相同的处理即可，这为计算机减轻了负担。

在统计结果时有一个小窍门，那就是可以使用 Ruby 的哈希表来处理。如果要对结果进行排序，我们需要考虑 1 ~ 3999 的情况，但本题只要求我们求出有多少个罗马数字。

答案 93 个

Q04

IQ 70　**目标时间：15分钟**

电子钟的亮灯数

有一些电子钟使用了如 **图 1.6** 中左图所示的七段数码管。这类时钟会根据时间决定显示屏上亮灯的数量。例如，在 12 时 34 分 56 秒时，电子钟会像 **图 1.6** 中右图那样有 27 处亮灯。

图 1.6　七段数码管的亮灯位置

这里我们反过来进行思考，试着通过亮灯的数量来判断时间。但要注意，有些数字的排列组合并不能用来表示时间，例如 53:61:24 也有 27 处亮灯，但它就不在我们考虑的范围内。

另外，这类电子钟是 24 小时制，可以显示到 23 时 59 分 59 秒，再过 1 秒钟，时、分、秒就会都变为 0。

问题

当有 30 处亮灯时，能表示的时间有多少个？

当有 27 处亮灯时，算上 12 时 34 分 56 秒，共有 8800 种。

亮灯的位置用哪种数据结构来表示比较好呢？

Hint!
解答本题的关键在于亮灯的个数，而不是亮灯的位置。

有好几种方法可以用来数电子钟亮灯处的数量。电子屏上有 6 个显示数字的地方，每个显示数字的地方可有 7 处亮灯，所以一共有 7×6=42 处可亮灯。要查询这 42 处中有 30 处亮灯的情况，其实就是求从 42 个里选 30 个地方亮灯，有多少种排列组合的方式。这会是一个非常大的数。

但是，只有能用来表示时间的组合才会被显示出来，所以组合方式的数量要在可表示的时间的范围内计算。计算出来之后，再统计有多少处亮灯就可以得到答案了。

无须考虑所有位置是否亮灯，只要在可表示的时间范围内编写程序就可以了吧？但是，程序要怎么写呢？

时间的组合方式有 24×60×60 种，也就是查询到 86 400 种即可。

事先把每个数字的亮灯个数求出来，就会省不少事儿。

在求可以表示多少个时间时，程序可以写成代码清单 04.01 和代码清单 04.02 这样。

代码清单 04.01（q04_1.rb）

```
N = 30

# 返回两位数的亮灯数
def check(num)
  light = [6, 2, 5, 5, 4, 5, 6, 3, 7, 6]
  light[num / 10] + light[num % 10]
end

cnt = 0
24.times do |h|
  60.times do |m|
    60.times do |s|
      cnt += 1 if check(h) + check(m) + check(s) == N
    end
  end
end
puts cnt
```

代码清单 04.02（q04_1.js）

```
N = 30;
```

```
// 返回两位数的亮灯数
function check(num){
  var light = [6, 2, 5, 5, 4, 5, 6, 3, 7, 6];
  return light[Math.floor(num / 10)] + light[num % 10];
}

var cnt = 0;
for (var h = 0; h < 24; h++){
  for (var m = 0; m < 60; m++){
    for (var s = 0; s < 60; s++){
      if (check(h) + check(m) + check(s) == N)
        cnt++;
    }
  }
}
console.log(cnt);
```

 原来如此！要事先把数字 0 ~ 9 对应的亮灯数放到数组里，对吧？

 嗯，然后分别在十位和个位上放置数字，再求出十位和个位上总的亮灯数。

 能不能再减少一些计算量呢？例如 12 这个数字，时、分、秒都会用到，还会在循环中重复计算多次。

事先把已经计算过的结果存储起来，可以有效避免相同的数字被重复计算。代码清单 04.03 和代码清单 04.04 中就使用了这种方法，事先把 0 ~ 59 的数字存储到了数组中备用。

代码清单 04.03（q04_2.rb）

```
N = 30

# 返回两位数的亮灯数
def check(num)
  light = [6, 2, 5, 5, 4, 5, 6, 3, 7, 6]

  light[num / 10] + light[num % 10]
end
lights = Array.new(60)
60.times do |i|
  lights[i] = check(i)
end

cnt = 0
```

```
24.times do |h|
  60.times do |m|
    60.times do |s|
      cnt += 1 if lights[h] + lights[m] + lights[s] == N
    end
  end
end
puts cnt
```

代码清单04.04（q04_2.js）

```javascript
N = 30;

// 返回两位数的亮灯个数
function check(num){
  var light = [6, 2, 5, 5, 4, 5, 6, 3, 7, 6];
  return light[Math.floor(num / 10)] + light[num % 10];
}

var lights = new Array(60);
for (var i = 0; i < 60; i++){
  lights[i] = check(i);
}

var cnt = 0;
for (var h = 0; h < 24; h++){
  for (var m = 0; m < 60; m++){
    for (var s = 0; s < 60; s++){
      if (lights[h] + lights[m] + lights[s] == N)
        cnt++;
    }
  }
}
console.log(cnt);
```

关键点

　　除了函数调用，数据库取值和文件导入等耗时的处理也可以事先执行。这种做法在实际工作中经常用到。

答案　8360 种

Q05 杨辉三角

我们在学习规律性时经常能看到杨辉三角。每行左右两端的数都是 1，其他位置上的数等于其左上和右上两数之和，通过这种方式形成的就是杨辉三角。

现在我们假设杨辉三角中的数表示金额（以日元为单位）。例如，"1"是 1 日元，"2"是 2 日元，"10"是 10 日元。针对第 n 行中的各个数，思考每个数表示的金额需要用到的纸币和硬币的数量的最小值，然后求该行中纸币和硬币的数量之和。

例如，当 $n=4$ 时，数组为 [1, 4, 6, 4, 1]，因为 1 日元 =1（1 枚硬币），4 日元 =4（4 枚硬币），6 日元 =2（1 枚 5 日元的硬币 +1 枚 1 日元的硬币），所以纸币和硬币的数量加起来一共是 12。同样，当 $n=9$ 时，纸币和硬币的数量一共是 48（ 图 1.7 ）。

另外，本题中可以使用的日元包括 1 日元、5 日元、10 日元、50 日元、100 日元和 500 日元的硬币，以及 1000 日元、2000 日元、5000 日元和 10 000 日元的纸币。

$n=0$						1					1
$n=1$					1		1				2
$n=2$				1		2		1			4
$n=3$			1		3		3		1		8
$n=4$		1		4		6		4		1	12
$n=5$	1		5		10		10		5	1	6
$n=6$	1	6		15		20		15	6	1	12
$n=7$	1	7	21		35		35	21	7	1	22
$n=8$	1	8	28	56		70	56	28	8	1	31
$n=9$	1	9	36	84	126	126	84	36	9	1	48

图 1.7　杨辉三角和计算示例

问题

当 $n=45$ 时，纸币和硬币的数量之和是多少？

Hint!

在依据金额求纸币和硬币的数量之和时，按日元面额从大到小的顺序组合使用，就能求出最少可以使用多少张纸币和多少枚硬币。

思路

本题我们分 3 步来求解。第 1 步，生成杨辉三角；第 2 步，以杨辉三角中第 *n* 行的数为元素创建数组，针对数组中的各个数值，计算最少需要多少张纸币和多少枚硬币；第 3 步，把该行每个数所需纸币和硬币的最低数量加起来，求和。

 杨辉三角中的数等于该数左上和右上两数之和。这一点要怎么表述呢？

 如果以行为单位将数填入数组中，那么下一行中的数就可以通过加法求出来。

 如果按顺序处理，1 个数组就可以搞定。

如 图 1.8 所示，预设好数组后按从右往左的顺序计算，根据上一行数组中的值可以计算出下一行数组中的值。

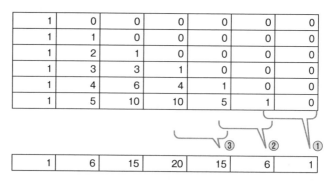

图1.8　按照从右往左的顺序计算数组中的值

先从第 1 行开始按顺序进行加法运算，直到取得目标行的值，然后算出该行所需纸币和硬币的最低数量。将纸币和硬币的面额按照从大到小的顺序进行除法运算，得到的商就是所需纸币和硬币的数量。

以 178 日元为例。用 178 除以 100，商是 1，所以 100 日元的硬币有 1 枚。余数是 78，除以 50 后得到的商是 1，所以 50 日元的硬币有 1 枚。接着用余数 28 除以 10，得到的商是 2，即 10 日元的硬币有 2 枚。如此循环，就能求出纸币和硬币的数量总和。

实现这个算法的程序如代码清单 05.01 和代码清单 05.02 所示。

代码清单 05.01（q05.rb）

```ruby
N = 45

def count(n)
  coin = [10000, 5000, 2000, 1000, 500, 100, 50, 10, 5, 1]
  result = 0
  coin.each do |c|
    # 按照面额从大到小的顺序计算商和余数
    cnt, n = n.divmod(c)
    result += cnt
  end
  result
end

row = [0] * (N + 1);
row[0] = 1;
N.times do |i|
  # 每行都是从右往左赋值
  (i + 1).downto(1) do|j|
    # 前一行相应位置的值加上其左边的值
    row[j] += row[j - 1]
  end
end

# 计算总数
puts row.map{|i| count(i)}.inject(:+)
```

代码清单 05.02（q05.js）

```javascript
N = 45;

function count(n){
  var coin = [10000, 5000, 2000, 1000, 500, 100, 50, 10, 5, 1];
  var result = 0;
  for (var i = 0; i < coin.length; i++){
    // 按照面额从大到小的顺序计算商和余数
    var cnt = Math.floor(n / coin[i]);
    n = n % coin[i];
    result += cnt;
  }
  return result;
}

row = new Array(N + 1);
row[0] = 1;
for (var i = 1; i < N + 1; i++){
  row[i] = 0;
}
for (var i = 0; i < N; i++){
  // 每行都是从右往左赋值
```

```
   for (var j = i + 1; j > 0; j--)
     // 前一行相应位置的值加上其左边的值
     row[j] += row[j - 1];
}

// 计算总数
var total = 0;
for (var i = 0; i < N + 1; i++){
  total += count(row[i]);
}
console.log(total);
```

 原来使用 Ruby 可以同时计算商和余数啊!

 在最后计算总数时,如果使用 Ruby,仅用 1 行代码就能实现对数组的求和。当然,像 JavaScript 这样用循环的方式来处理也未尝不可。

答案 3 518 437 540

数学 小 知 识

贪心算法

在从多个选项中选择一个最优项的时候,我们可以使用遍历法比较所有选项,也可以根据问题制定基准,以此来轻松求得最优项。后者叫作贪心算法(greedy algorithm)。

本题中出现的"依据金额求纸币和硬币的数量之和的方法"就是贪心算法的典型示例。在求数量的最小值时,原本需要找出所有的组合方式。但是,在求最少要用多少张纸币和多少枚硬币时,按照面额从大到小的顺序组合使用它们就能求解,这种方法更加直观易懂。

这种方法虽然对于某些问题不能奏效,但是能以简单的程序快速得到答案,因此也经常被人们使用。

Q06 在长方形中取正方形

想必大家都折过千纸鹤吧？1 张长方形的纸是没法折出千纸鹤的，所以要以长方形纸的短边为基准剪出 1 个正方形。接下来，对剪裁后剩下的纸一直重复该操作，直到最后剩下的纸为正方形。

以 1 张 8×5 的长方形纸为例，剪掉 1 个 5×5 的正方形后，剩下 1 张 3×5 的长方形纸。再用剩下的纸剪 1 个 3×3 的正方形，剩下的是 1 张 3×2 的长方形纸。继续用剩下的纸剪 1 个 2×2 的正方形，剩下的是 1 张 1×2 的长方形纸，于是最后得到 2 张 1×1 的正方形纸。这样，1 张长方形纸就分成了 5 张正方形纸（ 图1.9 ）。

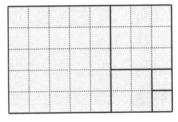

图1.9　在长方形中取正方形的示意图

问题

有 1 个长方形，其长边的长度不超过 1000，且正好可以分成 20 个正方形。这样的长方形的"长和宽的组合"一共有多少种？长方形的长和宽在互换的情况下算是同一种组合。

以长边的长度不超过 8 且正好可以分成 5 个正方形的长方形为例，除 图1.9 所示的 8×5 的长方形外，还有 图1.10 展示的 7 种长方形，加起来一共有 8 种组合。

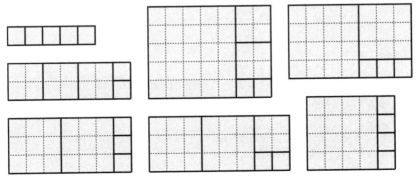

图1.10　长边的长度不超过 8 且正好可以分成 5 个正方形的长方形示例

思路

知道长方形中短边的长度，就知道了正方形的边长，"长方形中长边的长度"减去"剪下来的正方形的边长"，得到的就是新的长方形中其中一边的长度。这时，剪下的正方形未必只有 1 个。

另外，在思考时要抛弃"长和宽"的思考方式，将关注点放在"长边和短边"上，然后重复执行相同的处理。

 虽然知道了该怎么取正方形，但数据结构也太难了。如果将长和宽划分成网格状制作数组，似乎有好多会用不上……

 用于确定长方形的要素只有长和宽，可不可以用这两个值进行递归查询呢？

 说到点子上了。让我们在转换长边和短边的同时，试着在所有的长方形里取正方形。

重复取正方形，直到最后剩下 1×1 的正方形。这个递归处理可以用代码清单 06.01 和代码清单 06.02 实现。用长边除以短边，得到的商就是正方形的个数，余数是新长方形的短边的长度。

```
代码清单06.01（q06_1.rb）

W, N = 1000, 20

def cut(w, h)
  return 1 if w == h
  w, h = h, w if w > h
  q, r = h.divmod(w)
  result = q
  result += cut(w, r) if r > 0
  result
end

cnt = 0
1.upto(W) do |i| # 短边
  i.upto(W) do |j| # 长边
    cnt += 1 if cut(i, j) == N
  end
end
puts cnt
```

代码清单 06.02（q06_1.js）

```javascript
W = 1000;
N = 20;

function cut(w, h){
  if (w == h) return 1;
  if (w > h){
    var temp = w; w = h; h = temp;
  }
  var r = h % w;

  var result = Math.floor(h / w);
  if (r > 0) result += cut(w, r);
  return result;
}

var cnt = 0;
for (var i = 1; i <= W; i++){    // 短边
  for (var j = i; j <=W; j++){   // 长边
    if (cut(i, j) == N) cnt++;
  }
}
console.log(cnt);
```

在比较长和宽后进行交换，就相当于替换了长边和短边，想想还真是这样。

但是，在超过想要获取的正方形的个数后仍会继续查询，这一点感觉有些多余。

那我们就来看一下超过想要获取的正方形的个数后如何中断查询处理（代码清单 06.03 和代码清单 06.04）。

代码清单 06.03（q06_2.rb）

```ruby
W, N = 1000, 20

def cut(w, h, n)
  return (n == 0) if w == h
  w, h = h, w if w > h
  q, r = h.divmod(w)
  if (n - q < 0) || (r == 0)
    return (n - q == 0)
  else
    return cut(w, r, n - q)
  end
```

```
end

cnt = 0
1.upto(W) do |i|  # 短边
  i.upto(W) do |j|  # 长边
    cnt += 1 if cut(i, j, N)
  end
end
puts cnt
```

代码清单06.04（q06_2.js）

```
W = 1000;
N = 20;

function cut(w, h, n){
  if (w == h) return (n == 0);
  if (w > h){
    var temp = w; w = h; h = temp;
  }
  var r = h % w;

  var q = Math.floor(h / w);
  if ((n - q < 0) || (r == 0))
    return (n - q == 0);
  else
    return cut(w, r, n - q);
}

var cnt = 0;
for (var i = 1; i <= W; i++){    // 短边
  for (var j = i; j <= W; j++){  // 长边
    if (cut(i, j, N)) cnt++;
  }
}
console.log(cnt);
```

关键点

在需要剪取很多正方形时，代码的处理时间不会有明显变化，但是在需要剪取少量正方形时，使用后面介绍的那个方法可以使处理速度变快。

答案　26 882 种

Q07

让文件恢复原位

日本有一本 1993 年出版的畅销书叫作《超级整理法》，书中提倡一种"按照使用顺序摆放文件"的方法。例如用完陈列在书架上的资料后，必须将资料放到书架的最左侧。一直重复这个操作，长期不用的资料自然而然会堆到书架的右侧。

那么，如果突然想让所有的文件恢复原位，该怎么办呢？下面，我们就来思考反复移动文件到左侧，让文件恢复原位的最短路径。

假设有 3 个文件，这 3 个文件最初按照 A、B、C 的顺序排列，让文件恢复原位的最短路径则如下所示。移动次数总计 8 次：0+2+1+1+2+2 =8 次。

A、B、C	：移动 0 次
A、C、B→(移动 B)→B、A、C→(移动 A)→A、B、C	：移动 2 次
B、A、C→(移动 A)→A、B、C	：移动 1 次
B、C、A→(移动 A)→A、B、C	：移动 1 次
C、A、B→(移动 B)→B、C、A→(移动 A)→A、B、C	：移动 2 次
C、B、A→(移动 B)→B、C、A→(移动 A)→A、B、C	：移动 2 次

问题

假设书架上摆放了 15 个文件，那么如果将所有可能出现的摆放顺序纳入考虑范围内，让文件恢复原位的移动次数是多少？

Hint!

我们可以结合数学上的有序数组来简化程序。最终结果会是一个较大的数值，所以要注意整型数据的范围。

思路

在处理这种多文件的问题之前，可以先以文件数量较少的情况为例来练习，帮助我们思考。例如，先假设只有 5 个文件，然后思考从 DBEAC 恢复到 ABCDE 需要移动多少次。

其他文件往左移，D 和 E 自然就会到右侧，所以只要移动 A、B、C 这 3 个文件就可以了。换句话说，移动 3 次就可以使文件恢复原位。

 需要放置到右侧的文件如果一开始就按升序排列，则没有必要移动。是这样吗？

 是的。同理思考，移动 3 次就能恢复原位的排列方式有多少种呢？

 想一想，5 个文件中有 2 个不用动，那么另外 3 个需要移动的排列方式是……

在要移动的文件中，需要排到最右边的那个文件不能放在开头（如果放在开头，就不需要移动该文件了），剩下的文件则可以放在任意位置。也就是说，如果有 n 个文件需要移动 k 次，那么在要移动的文件中，需要放到最右边的那个文件可以放置的位置有 $n-k$ 种可能，剩下的文件可放置的位置为 $k-1$ 的排列组合，所以共有 P_n^{k-1} 种可能。

例）有 5 个文件，在不移动其中的 D 和 E 时，需要移动 3 次。

C 可以放置在下面 2 个○的其中任意一个位置。

　　×Ｄ○Ｅ○

如果把 C 放在最中间，就会变成 "DCE"，A 可以放在下面 4 个○的任意一个位置。

　　○Ｄ○Ｃ○Ｅ○

同样，B 有 5 个位置可以选择。

也就是说，在有 5 个文件的情况下，

移动 3 次就能使文件恢复原位的排列方式有（5−3）× p_5^2 ＝2×20＝40 种。

在有 n 个文件的情况下，最多需要移动 $n-1$ 次，因此我们可以使用代码清单 07.01 和代码清单 07.02 中的代码来进行处理。使用不同的移动次数乘以相应的排列组合数就可以了。

代码清单 07.01（q07_1.rb）

```ruby
N = 15

# 计算排序
def nPr(n, r)
  result = 1
  r.times do |i|
    result *= n - i
  end
  result
end

cnt = 0
1.upto(N - 1) do |i| # 移动次数
  cnt += i * (N - i) * nPr(N, i - 1)
end
puts cnt
```

代码清单 07.02（q07_1.js）

```javascript
N = 15;

// 计算排序
function nPr(n, r){
  var result = 1;
  for (var i = 0; i < r; i++)
    result *= n - i;
  return result;
}

var cnt = 0;
for (var i = 1; i < N; i++){ // 移动次数
  cnt += i * (N - i) * nPr(N, i - 1);
}
console.log(cnt);
```

计算排序时使用了公式 $P_n^r = n \times (n-1) \times \cdots \times (n-r-1)$。

我记得，这是序章里出现过的公式。

注意，$P_n^0 = 1$。

虽然使用这种方法可以快速进行处理，但我们也要试试别的方法。

如果反过来思考，我们可以发现整个过程就是从 n 个有序排列的文件中，取最左侧的文件插入任意位置，并如此反复多次。在初始状态下，所有的文件都在原来的位置，所以不需要任何操作。操作 1 次就能恢复原位的情况是把最左侧的文件插入剩下 $n-1$ 个文件中任意一个文件的右侧，所以有 $n-1$ 种情况。

该方法的示例代码如代码清单 07.03 和代码清单 07.04 所示。

代码清单 07.03（q07_2.rb）

```
N = 15

cnt = Array.new(N){0}
cnt[0] = 1
1.upto(N) do |i|
  (i - 2).times do |j|
    cnt[i - j - 1] = cnt[i - j - 2] * i
  end
  cnt[1] = i - 1
end
sum = 0
cnt.each_with_index{|v, i| sum += i * v}
puts sum
```

代码清单 07.04（q07_2.js）

```
N = 15;

var cnt = [1];
for (var i = 1; i <= N; i++){
  cnt[i] = 0;
  for (var j = 0; j < i - 2; j++){
    cnt[i - j - 1] = cnt[i - j - 2] * i;
  }
  cnt[1] = i - 1;
}
var sum = 0;
for (var i = 0; i < N; i++){
  sum += i * cnt[i];
}
console.log(sum);
```

 答案 17 368 162 415 924 次

Q08 | 合并单元格与一笔画

电子表格软件中我们经常使用的功能之一就是合并单元格。这个功能用起来非常方便，如果掌握得好，还能做出非常复杂的表格。这里，我们来思考如何通过合并单元格来制作一笔画图形。

例如，对于 2 行 3 列的单元格，像 图 1.11 中左边的图形那样合并单元格，可以一笔画完；像 图 1.11 中间的图形那样合并单元格，就不能一笔画完；图 1.11 右边的图形虽然能够一笔画完，但是这类图形不能通过电子表格的合并单元格功能实现，所以不在我们的考虑范围内。

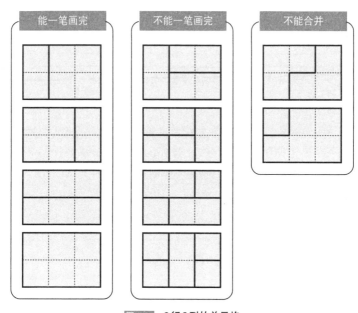

图 1.11　2 行 3 列的单元格

问题

假设有 10 行 10 列的单元格，那么在能够合并单元格的图形中，可以一笔画完的图形有多少个？在本题中，不合并单元格就能一笔画完的图形也要计算在内（也包括上下左右翻转后的图形等）。

思路

有个很有名的方法可以用来判断图形能否一笔画完，那就是数各顶点的连线数（度数）。在使用该方法时需要满足以下两个条件之一。

- **所有顶点的度数为偶数**
- **度数为奇数的顶点只有 2 个**

换句话说，要想让图形能够一笔画完，度数为奇数的顶点必须是 0 个或者 2 个。在本题中，只有当所有单元格合并成 1 个时，度数为奇数的顶点的数量才为 0 个。并且，只有当单元格合并成 2 个时，度数为奇数的顶点的数量才为 2 个。

 如果图形中的单元格有 3 个以上，就会有 3 个以上的顶点的度数为奇数。

 也就是说，只要考虑水平方向和垂直方向的划分位置就可以了，对吧？

 没错。如果计算水平方向和垂直方向的单元格数量，实现起来就会简单许多。

水平方向如果有 X 个单元格，就有 $X-1$ 种合并方式；垂直方向如果有 Y 个单元格，就有 $Y-1$ 种合并方式；再加上将所有单元格合并成 1 个单元格的情况，一共有 $(X-1)+(Y-1)+1=X+Y-1$ 个图形（代码清单 08.01 和代码清单 08.02）。

代码清单 08.01（q08.rb）

```ruby
X, Y = 10, 10

puts X + Y - 1
```

代码清单 08.02（q08.js）

```javascript
X = 10;
Y = 10;

console.log(X + Y - 1);
```

 19 个

Q09 八进制自幂数

IQ 80 **目标时间：20分钟**

　　自幂数经常登上数学术语排行榜等，引发了许多讨论。所谓自幂数，指的是一个 n 位的自然数，其每个位上的数字的 n 次幂之和正好等于它本身。举个例子，153 是一个 3 位数，而 $1^3+5^3+3^3=153$，所以 153 是一个自幂数。

　　上面谈论了十进制的自幂数，接下来我们思考一下其他进制数的情形。例如，三进制的自幂数有 1、2、12、22、122 等。十进制数和三进制数的对照表如 表1.7 所示。

$$1^2+2^2=1+11=12$$
$$2^2+2^2=11+11=22$$
$$1^3+2^3+2^3=1+22+22=122$$

表1.7 　十进制数和三进制数的对照表（参考）

十进制数	三进制数	十进制数	三进制数
1	1	10	101
2	2	11	102
3	10	12	110
4	11	13	111
5	12	14	112
6	20	15	120
7	21	16	121
8	22	17	122
9	100	18	200

问题

　　请求出八进制数中 8 个两位数以上的自幂数，并且按从小到大的顺序输出它们。

Hint!

许多编程语言自带求 N 进制数的处理逻辑，我们可以直接使用。

思路

许多编程语言中自带在进制之间转换基数的函数。也就是说，我们只要判断每一位数字的 n 次幂之和是否和原来的数相等就可以了。

首先一定要弄清楚搜索范围。如果是 1 位数，那么该数一定是自幂数，所以要从 2 位数开始查。

要说搜索范围，2 位数从 8^1 开始，3 位数从 8^2 开始，4 位数从 8^3 开始……这得查到什么时候呀？

如果不设上限，在自幂数不足 8 个的情况下程序就会陷入死循环。

以十进制数为例，n 位的自然数中最小的是 10^{n-1}。考虑到搜索范围的上限，每个位上的数字的 n 次幂之和最大的情况为"当这个数由 n 个 9 排列而成时"，所以 n 位的自然数中最大的是 $n \times 9^n$。但是，随着 n 不断变大，会出现 $n \times 9^n < 10^{n-1}$ 的情况，这时的 n 位数就不存在自幂数了。

同理，在 N 进制数的情况下，每个位上的数字的 n 次幂之和最大的情况为"当这个数由 n 个 $N-1$ 排列而成时"，所以在 n 位的自然数中最大的是 $n \times (N-1)^n$。当这个 n 不断变大，直到出现 $n \times (N-1)^n < N^{n-1}$ 的情况时，结束搜索。具体程序如代码清单 09.01 和代码清单 09.02 所示。

代码清单 09.01（q09.rb）

```
N = 8

# 搜索最大值
keta = 1
while true do
  break if keta * ((N - 1) ** keta) < N ** (keta - 1)
  keta += 1
end

cnt = 0
N.upto(N ** keta) do |i|
  # 转换为N进制
  value = i.to_s(N)
  len = value.length
  sum = 0
  len.times do |d|
    sum += value[d].to_i(N) ** len
  end
```

```ruby
  if i == sum
    puts value
    cnt += 1
    break if cnt == N
  end
end
```

代码清单09.02（q09.js）

```javascript
N = 8;

// 搜索最大值
var keta = 1;
while (true){
  if (keta * Math.pow(N - 1, keta) < Math.pow(N, keta-1))
    break;
  keta++;
}

var cnt = 0;
for (i = N; i <= Math.pow(N, keta); i++){
  // 转换为N进制
  var value = i.toString(N);
  var len = value.length;
  var sum = 0;
  for (d = 0; d < len; d++){
    sum += Math.pow(parseInt(value[d], N), len);
  }
  if (i == sum){
    console.log(value);
    cnt++;
    if (cnt == N) break;
  }
}
```

在 Ruby 中用 to_s，或者在 JavaScript 中用 toString，都可以轻松转换进制。

如果想把 N 进制数恢复成十进制数，那么在 Ruby 中可以使用 to_i，在 JavaScript 中可以使用 parseInt，一样轻松搞定。

虽然计算机是用二进制处理信息的，但是八进制和十六进制更符合人类的思维习惯，所以人们经常将二进制转换为八进制或十六进制。

关键点

对于按位取值的操作，我们可以用两种方法来处理。由于本书是用 Ruby 和 JavaScript 这两种语言来举例说明的，所以比较简单的方法是用字符串表示原来的数，然后按字符取值。

各种语言特性不同，可能有些语言使用除以 10 并取余数的方法就能轻松实现。在日常工作中，我们也经常会把整数转换成字符串。大家也可以尝试使用其他方法。

答案 24、64、134、205、463、660、661、40 663

数学 小知识

与自幂数类似的孟乔森数

有一种和自幂数很像的数，叫作孟乔森数。对于一个数，如果让其每个位上的数字做自身次幂，把结果相加，得到的数和本身相等，那么这个数就是孟乔森数。比如，3435 就是一个孟乔森数，因为 $3^3+4^4+3^3+5^5=3435$。

顺便说一下，自幂数的英文是 Narcissistic number，其中的 Narcissistic 源自 Narcissus，即希腊神话中的美男子纳西索斯。关于纳西索斯的故事有很多版本，流传较广的一个版本是纳西索斯爱上了自己在水中的倒影，因为试图亲吻自己的倒影而溺水身亡。

孟乔森数的名字则源自电影《吹牛大王历险记》的德语原名，孟乔森也是里面的主人公的名字，不过这个名字也经常被译作"孟豪森""明希豪森"等。

人们通常用数学家的名字来命名常见的数学术语，但也会像前面介绍的那样使用完全不同的命名方式。与幂运算相关的还有"的士数"等数学术语，感兴趣的读者可以查一下这些术语名称的起源。

Q10

IQ 80　目标时间：20分钟

采用亚当斯方式分配议席

日本众议院选举采用亚当斯方式分配议席。所谓亚当斯方式，就是用日本各都道府县的人口分别除以某个整数，再通过调整除数使结果加起来等于全国的议席数。如果商中带小数，则无条件进位取整。

例如，在从人口分别为 250 人、200 人、150 人的 3 个县中选 10 个席位时，如果用人口数分别除以 65，则结果分别为 3.84…、3.07…和 2.30…。也就是说，3 个县所占席位分别为 4 个、4 个、3 个，加起来超过了 10 个。如果分别除以 75，结果就是 3.33…、2.66…和 2，3 个县所占席位分别为 4 个、3 个、2 个，加起来不到 10 个。但是，如果分别除以 70，结果就是 3.57…、2.85…和 2.14…，3 个县所占席位分别为 4 个、3 个、3 个，加起来正好是 10 个。

问题

假设众议院总的议席数有 289 个，那么基于 2015 年日本国情调查结果（表 1.8），各都道府县的众议院议席数分别有多少个？

表 1.8　各都道府县的人口数量（引自 2015 年日本国情调查）

北海道	5 381 733	石川县	1 154 008	冈山县	1 921 525
青森县	1 308 265	福井县	786 740	广岛县	2 843 990
岩手县	1 279 594	山梨县	834 930	山口县	1 404 729
宫城县	2 333 899	长野县	2 098 804	德岛县	755 733
秋田县	1 023 119	岐阜县	2 031 903	香川县	976 263
山形县	1 123 891	静冈县	3 700 305	爱媛县	1 385 262
福岛县	1 914 039	爱知县	7 483 128	高知县	728 276
茨城县	2 916 976	三重县	1 815 865	福冈县	5 101 556
栃木县	1 974 255	滋贺县	1 412 916	佐贺县	832 832
群马县	1 973 115	京都府	2 610 353	长崎县	1 377 187
埼玉县	7 266 534	大阪府	8 839 469	熊本县	1 786 170
千叶县	6 222 666	兵库县	5 534 800	大分县	1 166 338
东京都	13 515 271	奈良县	1 364 316	宫崎县	1 104 069
神奈川县	9 126 214	和歌山县	963 579	鹿儿岛县	1 648 177
新潟县	2 304 264	鸟取县	573 441	冲绳县	1 433 566
富山县	1 066 328	岛根县	694 352		

用各都道府县的人口数同时除以某个整数，如果商中带小数，则无条件进位取整。如果结果加起来等于总议席数，则结束处理。

问题描述中其实已经给出了如何找出"某个整数"的提示：在用 65 进行尝试时没有得到想要的结果，用 75 时也没有得到想要的结果，最终用 70 时得出了想要的结果，像这样逐渐缩小查找范围，就可以找出作为除数的整数。换句话说，我们可以用二分查找算法来实现这部分内容。

在学习算法时经常会碰到二分查找算法。

如果是单调递增函数，那么把问题一分为二来思考，可以提高求解的速度。

试着按最小值为 1、最大值为"都道府县的人口数"去查找吧。

首先，用各都道府县的人口数除以查找范围的中位数，看一下结果加起来是否为总席位数。如果二者一致，则处理结束。

如果加起来的结果比总席位数小，则说明分母偏大，所以要将当前的中位数作为新的查找范围的最大值，然后取新的查找范围的中位数进行相同的处理；反之，如果加起来的结果比总席位数大，则说明分母偏小，所以要将当前的中位数作为新的查找范围的最小值，然后取新的查找范围的中位数进行相同的处理（ 图 1.12 ）。

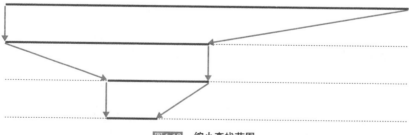

图1.12　缩小查找范围

虽然最开始的查找对象超过 1300 万个，但是使用这种方法，最多只要执行 24 次（$2^{24} = 16\,777\,216$）就能找到想要的值。这部分处理逻辑可以参考代码清单 10.01 和代码清单 10.02。

代码清单10.01（q10.rb）

```
N = 289

pref = [5381733, 1308265, 1279594, 2333899, 1023119, 1123891,
        1914039, 2916976, 1974255, 1973115, 7266534, 6222666,
        13515271, 9126214, 2304264, 1066328, 1154008, 786740,
        834930, 2098804, 2031903, 3700305, 7483128, 1815865,
        1412916, 2610353, 8839469, 5534800, 1364316, 963579,
        573441, 694352, 1921525, 2843990, 1404729, 755733,
        976263, 1385262, 728276, 5101556, 832832, 1377187,
        1786170, 1166338, 1104069, 1648177, 1433566]

left, right = 1, pref.max

while left < right do
  mid = (left + right) / 2
  seat = pref.map{|i| (i / mid.to_f).ceil}
  seat_sum = seat.inject(:+)
  if N == seat_sum
    p seat
    break
  elsif N > seat_sum
    right = mid
  else
    left = mid + 1
  end
end
```

代码清单10.02（q10.js）

```
N = 289;

pref = [5381733, 1308265, 1279594, 2333899, 1023119, 1123891,
        1914039, 2916976, 1974255, 1973115, 7266534, 6222666,
        13515271, 9126214, 2304264, 1066328, 1154008, 786740,
        834930, 2098804, 2031903, 3700305, 7483128, 1815865,
        1412916, 2610353, 8839469, 5534800, 1364316, 963579,
        573441, 694352, 1921525, 2843990, 1404729, 755733,
        976263, 1385262, 728276, 5101556, 832832, 1377187,
        1786170, 1166338, 1104069, 1648177, 1433566];

var left = 1;
var right = Math.max.apply(null, pref);
while (left < right){
  var mid = Math.floor((left + right) / 2);
  var seat_sum = 0;
  for (var i = 0; i < pref.length; i++){
    seat_sum += Math.ceil(pref[i] / mid);
  }
```

```
    if (N == seat_sum){
      for (var i = 0; i < pref.length; i++)
        console.log(Math.ceil(pref[i] / mid));
      break
    } else if (N > seat_sum){
      right = mid;
    } else {
      left = mid + 1;
    }
}
```

 无论查找范围有多广，使用二分查找算法都可以很快搞定。

 从算法书上学到的知识真正派上用场了，这让我更想进一步学习了。

 "亚当斯方式"乍一听还以为是一种很难的方法，但实际上通过简单的计算就可以实现。

 答案

北海道	12	石川县	3	冈山县	5
青森县	3	福井县	2	广岛县	6
岩手县	3	山梨县	2	山口县	3
宫城县	5	长野县	5	德岛县	2
秋田县	3	岐阜县	5	香川县	3
山形县	3	静冈县	8	爱媛县	3
福岛县	4	爱知县	16	高知县	2
茨城县	7	三重县	4	福冈县	11
栃木县	5	滋贺县	3	佐贺县	2
群马县	5	京都府	6	长崎县	3
埼玉县	16	大阪府	19	熊本县	4
千叶县	14	兵库县	12	大分县	3
东京都	29	奈良县	3	宫崎县	3
神奈川县	20	和歌山县	3	鹿儿岛县	4
新潟县	5	鸟取县	2	冲绳县	3
富山县	3	岛根县	2		

IQ 70　**目标时间：15分钟**

奥运会主办城市投票

　　奥运会的主办地由国际奥林匹克委员会委员通过投票决定。2016 年奥运会的主办地里约热内卢是通过对 4 个申奥城市进行 3 轮投票才定下来的，2020 年的主办地东京则是通过对 3 个申奥城市进行 3 轮投票才定下来的。

　　主办地的投票表决使用的是"末位淘汰法"。如果在第 1 轮投票中某个城市得票超过半数，则该城市当选为主办地。如果没有 1 个城市得票超过半数，则淘汰位列最后 1 名的城市，然后重新投票。如此反复，直到有 1 个城市得票超过半数。

　　如果多个城市并列倒数第一，则需要用和上面相反的方式进行投票，直到只有 1 个城市晋级。也就是说，在多个城市并列倒数第一的情况下，如果在第 1 轮投票中某个城市得票超过半数，则该城市晋级；如果没有 1 个城市得票超过半数，则淘汰得票最少的城市后，重新投票。

　　表 1.9 是 2016 年奥运会主办地的投票结果。

表1.9　2016 年奥运会主办地的投票结果

城市	第1轮	第2轮	第3轮
里约热内卢	26	46	66
马德里	28	29	32
东京	22	20	—
芝加哥	18	—	—

　　表 1.10 是 2020 年奥运会主办地的投票结果。

表1.10　2020 年奥运会主办地的投票结果

城市	第1轮	第2轮	第3轮
东京	42	—	60
伊斯坦布尔	26	49	36
马德里	26	45	—

问题

　　现在假设有 7 个申奥城市，并且有足够多的人参与投票，那么能够选出主办地的情况一共有多少种？本题假设不会出现所有城市得票数相同的情况。

思路

我们先以申奥城市较少的情况为例来进行思考。当申奥城市有 3 个时，能够选出主办地的情况有以下 3 种。

- 在第 1 轮投票中，某城市得票超过半数，该城市当选为主办地
- 第 1 轮淘汰了 1 个城市，第 2 轮对剩下的 2 个城市进行投票
- 第 1 轮有 2 个城市并列倒数第一，第 2 轮对这两个并列倒数第一的城市进行投票，选出要淘汰的城市，第 3 轮进行最终投票

先以简单的情况为例来梳理思路，要做什么就变得清楚多了。

即便有 4 个申奥城市，"有 1 个城市得票超过半数"和"有 1 个城市被淘汰"的思考方法也是一样的。

越来越接近正确答案了。只是，最后的"并列倒数第一"的情况还要再想想。

具体情况视并列倒数第一的城市的数量不同而不同。当有 4 个申奥城市时，可分为 2 种情形：一种是有 2 个城市并列倒数第一，另一种是有 3 个城市并列倒数第一。当有 5 个申奥城市时，可分为 3 种情形：一种是有 2 个城市并列倒数第一，一种是有 3 个城市并列倒数第一，还有一种是有 4 个城市并列倒数第一。

为了针对上述不同情形进行反向投票（用来决定最后 1 名），需要按照排名去掉 1 个申奥城市，然后对剩下的城市重新投票。具体代码如代码清单 11.01 和代码清单 11.02 所示。

```
代码清单11.01（q11_1.rb）

N = 7

def vote(n)
  return 1 if n <= 2
  cnt = 1                  # 有1个城市得票超过半数
  cnt += vote(n - 1)       # 有1个城市遭淘汰
  2.upto(n - 1) do |i|     # 有i个城市并列倒数第一
    # 从i个并列倒数第一的城市中选出1个城市，对剩下的n-1个城市进行投票
    cnt += vote(i) * vote(n - 1)
  end
  cnt
```

```
    end

    puts vote(N)
```

代码清单11.02（q11_1.js）

```
N = 7;

function vote(n){
  if (n <= 2) return 1;
  var cnt = 1;                    // 有1个城市得票超过半数
  cnt += vote(n - 1);             // 有1个城市遭淘汰
  for (var i = 2; i < n; i++){    // 有i个城市并列倒数第一
    // 从i个并列倒数第一的城市中选出1个，对剩下的n-1个城市进行投票
    cnt += vote(i) * vote(n - 1);
  }
  return cnt;
}

console.log(vote(N));
```

明白啦，原来先减少申奥城市的数量，然后用递归的方式执行相同的处理就可以啦！

观察前面的代码，有没有什么新发现？

对 $n-1$ 个城市进行投票的部分重复了好多次啊。

在淘汰 1 个城市和处理并列倒数第一的城市时，程序会根据城市的个数进行循环处理。可以把这种处理合并成 1 个，从而减少查询量。

使用序章中介绍的动态规划算法和内存化的方法也能达到目的，不过这里我们使用其他方法让同样的处理只执行 1 次（代码清单 11.03 和代码清单 11.04）。

代码清单11.03（q11_2.rb）

```
N = 7

def vote(n)
  return 1 if n <= 2
  v1 = vote(n - 1)         # 对剩下的n-1个城市进行投票
  v2 = 0
```

```
  2.upto(n - 1) do |i|   # 有i个城市并列倒数第一
    v2 += vote(i)
  end
  1 + v1 + v2 * v1
end

puts vote(N)
```

代码清单11.04（q11_2.js）

```
N = 7;

function vote(n){
  if (n <= 2) return 1;
  var v1 = vote(n - 1);          // 对剩下的n-1个城市进行投票
  var v2 = 0;
  for (var i = 2; i < n; i++){ // 有i个城市并列倒数第一
    v2 += vote(i);
  }
  return 1 + v1 + v2 * v1;
}

console.log(vote(N));
```

如果想提高处理效率，就不能直接按照问题描述来实现了。

不过我觉得还是一开始的代码更容易理解……

你们有这样的想法很不错。其实写代码的时候要从处理速度和可读性等多个角度来思考，这一点至关重要。

关键点

在本题中，输出的结果超过了32位整数，所以在把结果保存到变量中时，不要用int型变量，而要用可以保存64位整数的数据类型。像这样，不同的编程语言有不同的处理方式，我们要多加注意。

14 598 890 236 种

Q12

IQ 70　**目标时间：15分钟**

用分数表示圆周率的近似值

我们都知道，在小学时学过的圆周率是一个无限不循环小数，不能用最简分数来表示。但是在提倡素质教育的背景下，有人提议在计算时将圆周率简化为 3。这一提议引发了人们的广泛关注。

虽然我们常用 3.14 表示圆周率，但其实在很早之前就一直有人尝试用分数来表示圆周率的近似值。这里，我们思考如何用分子、分母都为整数的分数来表示圆周率的近似值。

在到小数点后第 n 位为止与圆周率一致的分数中，对于分母最小的分数，我们用 $\pi(n)$ 来表示（ 表 1.11 ）。

表1.11　在到小数点后第 n 位为止与圆周率一致的分数中，分母最小的分数的示例

n	π(n)	分母
1	19/6 = 3.166...	6
2	22/7 = 3.1428...	7
3	245/78 = 3.14102...	78

问题

当 $n=11$ 时，$\pi(11)$ 的分母是多少？

参考 ） 保留小数点后 11 位的圆周率的值如下所示。
3.14159265358

用圆的内接多边形和外接多边形求圆周率的方法比较有名。例如，半径为 1 的圆的内接正六边形的周长是 6，外接正六边形的周长是 $4\sqrt{3}$，因此 $6 < 2\pi < 4\sqrt{3}$，即 $3 < \pi < 3.46...$，像这样就可以缩小范围。

本题事先给出了圆周率，所以只要在程序执行的过程中一直变换分子和分母，就能求出答案。

思路

首先，我们来思考一下 n 的值较小时的情况。例如，当 $n=2$ 时，查找与圆周率中到小数点后第 2 位为止的数即 3.14 相同的分数。分数 $p/q=3.14...$ 需要满足下面的式子。

$$3.14 \times q < p < 3.15 \times q$$

在寻找满足上面式子中的整数 p 时，我们可以让 q 从 1 开始按顺序递增，直到找出满足 $3.14 \times q \neq 3.15 \times q$ 的值。

查找过程如 表 1.12 所示。

表1.12　让 q 从 1 开始按顺序递增

分　母	3.14 × 分母	3.15 × 分母	结　　果
1	3.14	3.15	NG
2	6.28	6.30	NG
3	9.42	9.45	NG
4	12.56	12.60	NG
5	15.70	15.75	NG
6	18.84	18.90	NG
7	21.98	22.05	OK(22/7)

原来如此。这样的话，只要让分母按顺序递增就能得出答案了。

但是，在用小数进行运算时，有可能因四舍五入而产生误差。所以，是不是应该用整数进行运算呢？

说到关键点了。也就是说，要化为整数 314 来进行处理，而不是用 3.14…。

假设小数点后两位数的运算要化为整数来处理，就需要让圆周率中 3.14 这一部分的值乘以 10^2。然后，在此基础上判断商是否一致，从而求出分母。

因此，对于本题，只要将计算圆周率时要用到的位数提前化为整数就可以了。具体的处理逻辑请参考代码清单 12.01 和代码清单 12.02。

代码清单12.01（q12.rb）

```ruby
N = 11
q = 1

# 用整数表示特定位数的圆周率
pi = "314159265358"[0, N + 1].to_i
pow = 10 ** N

while true do
  if q * pi / pow != q * (pi + 1) / pow
    # 商相等的情况
    if q * (pi + 1) % pow > 0
      # 当余数比 0 大时
      puts q
      exit
    end
  end
  q += 1
end
```

代码清单12.02（q12.js）

```javascript
N = 11;
var q = 1;

// 用整数表示特定位数的圆周率
var pi = parseInt("314159265358".substring(0, N + 1));
var pow = Math.pow(10, N);

while (true){
  if (Math.floor(q * pi / pow) !=
      Math.floor(q * (pi + 1) / pow)){
    // 商相等的情况
    if (q * (pi + 1) % pow > 0){
      // 当余数比 0 大时
      console.log(q);
      break;
    }
  }
  q++;
}
```

为什么要执行"余数是否比 0 大"的判断处理呢？

这主要考虑到了在 $3.14 \times q < p < 3.15 \times q$ 这样的例子中，右边正好是整数的情况。

数学 小 知 识

使用连分数求圆周率的近似值

在本题中，我们单纯使用了分数来求解，但其实在求圆周率的近似值时还可以使用连分数。连分数就是分母中包含分数的分数，具体形式如下所示。

$$\cfrac{1}{1+\cfrac{1}{2+\cfrac{1}{3+\cfrac{1}{4}}}}$$

虽然在上面的示例中分子均为 1，但其实分子也可以不为 1。下面的例子就表示圆周率的一个近似值。

$$\pi = 3 + \cfrac{1^2}{6+\cfrac{3^2}{6+\cfrac{5^2}{6+\cfrac{7^2}{6+\cfrac{9^2}{\ddots}}}}}$$

如果能发现这些规律，编程会变得更加轻松。事实上，用连分数表示圆周率的近似值能提高准确度。连分数还可以用在其他地方，比如用来表示 $\sqrt{2}$ 或 $\sqrt{3}$、自然对数 e 和黄金分割等。即便是无理数，也可以用连分数来清晰地表示出来。

如果把求连分数的程序写成一个通用的程序，那么除上面介绍的示例外，还能找到其他连分数来表示圆周率的近似值。建议各位读者找一找。

IQ 80　目标时间：30分钟

反复排序 2[①]

假设有 9 张分别写有数字 1～9 的卡片。将这些卡片排成 1 排，根据左边第 1 张卡片上的数字，从左往右取相应数量的卡片进行逆向排序，然后反复操作，直到写有数字 1 的卡片排在左边第 1 张。

假设有 4 张分别写有数字 1～4 的卡片，这些卡片最初按照 3421 排序，那么按照下图所示的步骤操作 3 次就能实现目标。

3 4 2 1
↓　　第 1 次：第 1 张卡片是 3，所以把前 3 张卡片逆向排序
2 4 3 1
↓　　第 2 次：第 1 张卡片是 2，所以把前 2 张卡片逆向排序
4 2 3 1
↓　　第 3 次：第 1 张卡片是 4，所以把 4 张卡片逆向排序
1 3 2 4

在对 4 张卡片进行排序的时候，除上面举出的例子外，还有以下几种操作 3 次即可实现目标的方式。

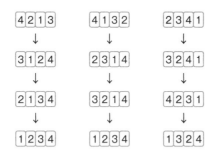

问题

假设有 9 张分别写有数字 1～9 的卡片，那么按照前述示例中的方式反复操作 5 次就正好能实现目标的初始组合一共有多少种？

① "反复排序"的第 1 版详见《程序员的算法趣题》（人民邮电出版社 2018 年出版）中的 Q39。

思路

如果对 9 张卡片进行排序，在全部试一遍的情况下共有 9! = 362 880 种初始组合。但由于每一种组合都要重复循环，直到完成排序，所以如果按照普通方式处理，程序执行起来会比较耗时。

一旦卡片的数量增加，这种耗时会变得让人难以忍受。因此，我们要在缩短处理时间上下功夫。

直接按问题描述编写程序会花很多处理时间……那怎么办才好呢？

试一下逆向查找怎么样？第 1 张卡片如果是 1 就会停止查找，所以可以从结束的状态开始反向生成初始组合。

这个主意不错。如果反向查找，需要查找的组合就会少很多。

因为要从结束时的组合开始查找，所以我们可以让程序先保存所有第 1 张卡片为 1 的组合，然后分别按指定的次数进行循环处理。

初始状态设置成对除第 1 张卡片之外的 8 张卡片进行排列组合，在需要折回的位置对数组进行逆向排序。只要按照指定的次数循环执行该处理，就能求出初始状态。具体实现请见代码清单 13.01 和代码清单 13.02.

```
代码清单13.01（q13_1.rb）

M, N = 9, 5

# 生成第1个数字为1的排列组合
seq = []
(2..M).to_a.permutation(M - 1){|a| seq.push([1] + a)}

log = []
log.push(seq)

# 操作N次
N.times do |i|
  seq = []
  log[i].each do |a|
    1.upto(M - 1) do |j|
      if a[j] == j + 1
        # 对数组进行逆向排序
        seq.push(a[0..j].reverse + a[(j + 1)..-1])
      end
```

```
      end
    end
    log.push(seq)
end
puts log[N].size
```

代码清单13.02（q13_1.js）

```
M = 9;
N = 5;

// 生成数组
Array.prototype.permutation = function(n){
  var result = [];
  for (var i = 0; i < this.length; i++){
    if (n > 1){
      var remain = this.slice(0);
      remain.splice(i, 1);
      var permu = remain.permutation(n - 1);
      for (var j = 0; j < permu.length; j++){
        result.push([this[i]].concat(permu[j]));
      }
    } else {
      result.push([this[i]]);
    }
  }
  return result;
}

// 生成第1个数字为1的排列组合
var temp = new Array(M - 1);
for (var i = 1; i < M; i++){
  temp[i - 1] = i + 1;
}
var permu = temp.permutation(M - 1);
var seq = [];
for (var i = 0; i < permu.length; i++){
  seq.push([1].concat(permu[i]));
}

log = [];
log.push(seq);

// 操作N次
for (var i = 0; i < N; i++){
  var s = [];
  for (var j = 0; j < log[i].length; j++){
    for (var k = 1; k < M; k++){
      if (log[i][j][k] == k + 1){
        // 对数组进行逆向排序
        temp = log[i][j].slice(0, k + 1).reverse();
        temp = temp.concat(log[i][j].slice(k + 1));
```

```
            s.push(temp);
        }
    }
}
log.push(s)
}
console.log(log[N].length);
```

 按第 1 张卡片上的数字取相应的卡片进行逆向排序，反过来想，就是在从左数第 n 张卡片上的数字是 n 时进行逆向排序，对吧？

 在使用 Ruby 时，倒是有现成的方法可以生成数组，但在使用 JavaScript 时没有现成的方法可用，还得动手写。

 虽然对于这道题而言能想到这些已经足够了，但是一旦卡片的数量增加，程序处理起来就会花很多时间。这个问题还是要再想办法优化一下。

在处理 4 张卡片时，操作 1 次即可实现目标的初始组合有 6 种，分别是 2134、2143、3214、3412、4231 和 4321。当组合形式变为 21XX、3X1X 和 4XX1 后，只要在空位上放入其他几个数字就可以了（XX 的位置上可以放入任意一张没有使用过的卡片）。

为了省略不必要的查找处理，可以试着先在最左边放置 1 张卡片，然后一步一步推演就可以了。如果剩余的空位上可以放置任意 1 张卡片，就能用求卡片的阶乘的方式计算出剩余空位的卡片组合数。

也就是说，在形式为 21XX 的情况下，XX 部分是 3 和 4 这两张卡片的排列组合，所以一共有 2!=2×1 种组合方式。这部分逻辑的实现方式可以参考代码清单 13.03 和代码清单 13.04。

代码清单 13.03（q13_2.rb）

```
M, N = 9, 5

# seq: 卡片的组合状态
# used: 使用过的卡片（bit 序列）
# n: 操作次数
def search(seq, used, n)
  # 查找结束后按照剩余的卡片个数求阶乘
  return (1..seq.count(0)).inject(1, :*) if n == 0

  cnt = 0
```

```
  1.upto(M - 1) do |i|
    # 对数组进行逆向排序
    new_seq = seq[0..i].reverse + seq[(i + 1)..-1]
    if (seq[i] == 0) && (used & (1 << i) == 0)
      new_seq[0] = i + 1
      cnt += search(new_seq, used | (1 << i), n - 1)
    elsif seq[i] == i + 1
      cnt += search(new_seq, used, n - 1)
    end
  end
  cnt
end

puts search([1] + [0] * (M - 1), 1, N)
```

代码清单13.04（q13_2.js）

```
M = 9;
N = 5;

// seq: 卡片的组合状态
// used: 使用过的卡片（bit序列）
// n: 操作次数
function search(seq, used, n){
  if (n == 0){
    // 查找结束后按照剩余的卡片个数求阶乘
    var result = 1;
    var cnt = seq.filter(function(e){return e == 0;}).length;
    for (var i = 1; i <= cnt; i++){
      result *= i;
    }
    return result;
  }

  var cnt = 0;
  for (var i = 1; i < M; i++){
    // 对数组进行逆向排序
    new_seq = seq.slice(0, i + 1).reverse();
    new_seq = new_seq.concat(seq.slice(i + 1));
    if ((seq[i] == 0) && ((used & (1 << i)) == 0)){
      new_seq[0] = i + 1;
      cnt += search(new_seq, used | (1 << i), n - 1);
    } else if (seq[i] == i + 1){
      cnt += search(new_seq, used, n - 1);
    }
  }
  return cnt;
}

seq = (new Array(M)).fill(0);
seq[0] = 1;
console.log(search(seq, 1, N));
```

Ruby 中阶乘的运算部分有点不好理解。

 关于这部分内容，JavaScript 中也有对数组中 0 这个数的处理。如果用其他编程语言编写程序，只需对数组进行循环处理，计算 0 的个数即可。这种做法可能比较容易理解。

 这里需要注意的是，0 的阶乘（0!）是 1。

 如果用第 2 种方法，即便有 15 张卡片，也能瞬间处理完成。

关键点

第 2 种方法使用了位运算来表示使用过的卡片。如果用二进制的 0001 来表示卡片 1，用 0010 来表示卡片 2，用 0100 来表示卡片 3，用 1000 来表示卡片 4，则使用了卡片 1 和卡片 4 的情况就可以用 1001 来表示。

这样一来，用 1 个变量就能表示所有卡片的使用情况，程序实现起来也变得更加简单。

 答案 28 692 种

Q14 兑换外币

最近，来日本旅游的外国人多了起来。他们需要按照汇率把外币兑换成日元，为了便于使用，除了纸币，还会兑换一些硬币。考虑到便捷性，他们兑换的种类应尽可能多，但同时要注意控制数量，以方便携带。

我们来思考一下美元兑换日元的场景。在保证日元的"种类"（包括面值种类）最多的前提下，找出纸币总张数和硬币总枚数最少的兑换方法，然后输出它们的总和。

例如，按 1 美元的汇率为 112.54 日元来换算，100 美元可兑换 11 254 日元。具体的兑换方法可参考 表1.13 。

表1.13　将100美元兑换成日元的方法示例

纸币/硬币	例1	例2	例3	例4	例5
10 000 日元纸币	1	0	0	0	0
5000 日元纸币	0	1	1	1	1
2000 日元纸币	0	0	1	2	2
1000 日元纸币	1	5	3	1	1
500 日元硬币	0	2	2	1	2
100 日元硬币	2	1	1	4	1
50 日元硬币	1	2	1	4	2
10 日元硬币	0	5	9	14	4
5 日元硬币	0	0	2	2	2
1 日元硬币	4	4	4	4	4
总数	9	20	24	33	19

例 1 中一共有 5 种类型的日元，例 2 中有 7 种，例 3、例 4 和例 5 中各有 9 种。因此，要在例 3、例 4 和例 5 中选择纸币总张数和硬币总枚数之和最少的例 5，结果为 19（虽然还有别的组合方式，但仍然是例 5 的总数最少）。

问题

假设兑换后的金额是 45 678 日元，那么在日元的种类最多的情况下，纸币总张数和硬币总枚数之和的最小值是多少?

思路

我们需要分两步来解决这个问题。第 1 步是找出日元的种类最多的组合，第 2 步是找出纸币总张数和硬币总枚数之和最小的组合。

 先看第 1 步。可以使用的日元一共有 10 种，对吧？

 如果从是否使用的角度思考这 10 种日元，组合方式最多有 2^{10} 种，也就是有 1024 种组合，对吧？

 没错。下面结合第 2 步来思考一下每种组合方式。

在金额相同的情况下，与使用小面额的纸币和硬币相比，使用大面额的纸币和硬币时，所用数量要少一些。因此，应尽量使用大面额的纸币和硬币。

 在兑换成 10 000 日元时，如果使用 10 000 日元纸币，只用 1 张即可；如果使用 5000 日元纸币，就需要 2 张；使用 1000 日元纸币，就需要 10 张。

 这样的话，使用 Q05 中提到的贪心算法，按照面额从大到小的顺序使用日元就可以吧？

 在第 1 步中选择的纸币／硬币至少要使用 1 张／1 枚，这一点很关键。

我们可以参考代码清单 14.01 和代码清单 14.02 在循环处理的里面和外面实现这两步。

```
代码清单14.01（q14_1.rb）

N = 45678
coins = [10000, 5000, 2000, 1000, 500, 100, 50, 10, 5, 1]
result = N

10.downto(1) do |i| # 按照使用数量从大到小的顺序检索
  coins.combination(i) do |coin|
    remain = N - coin.inject(:+) # 一个一个使用
    next if remain < 0
    cnt = coin.length            # 累计每一种纸币/硬币的数量
```

```
    coin.each do |c|              # 从大面额开始使用
      r = remain / c
      cnt += r
      remain -= c * r
    end
    result = [cnt, result].min
  end
  break if result < N
end

puts result
```

代码清单14.02（q14_1.js）

```
// 列举数组的组合方式
Array.prototype.combination = function(n){
  var result = [];
  for (var i = 0; i <= this.length - n; i++){
    if (n > 1){
      var combi = this.slice(i + 1).combination(n - 1);
      for (var j = 0; j < combi.length; j++){
        result.push([this[i]].concat(combi[j]));
      }
    } else {
      result.push([this[i]]);
    }
  }
  return result;
}

// 对数组的值求和
Array.prototype.sum = function(){
  var result = 0;
  this.forEach(function(i){ result += i;});
  return result;
}

N = 45678;
var coins = [10000, 5000, 2000, 1000, 500, 100, 50, 10, 5, 1];
var result = N;

for (var i = 10; i >= 1; i--){
  // 按从大到小的顺序搜索使用的数量
  var coin = coins.combination(i);
  for (var j = 0; j < coin.length; j++){
    var remain = N - coin[j].sum(); // 一个一个使用
    if (remain < 0)
      continue;
    var cnt = coin[j].length;              // 累计每一种纸币/硬币的数量
    for (var c = 0; c < coin[j].length; c++){
      // 从大面额开始使用
      var r = Math.floor(remain / coin[j][c]);
```

```
    cnt += r;
    remain -= coin[j][c] * r;
  }
  result = Math.min(result, cnt);
 }
 if (result < N)
   break;
}

console.log(result);
```

 Ruby 中有现成的方法可以用来求组合方式，实在太方便了。

 JavaScript 是用递归的方式生成组合的。

 在本题中，组合方式一共有 1024 种，并不算多，更何况一旦找到后就会结束查找，处理效率已经非常高了。这里再介绍另一种方法。

关键点

　　由于要使用多种纸币和硬币，所以第 1 步要按照面额从小到大的顺序使用，每次只用 1 张纸币或 1 枚硬币。接着，按照面额从大到小的顺序使用，直到达到目标金额。通过这种方式，就能确保使用多种纸币和硬币。

　　但是，该方法首先保证使用的是小面额的日元，所以纸币总张数和硬币总枚数之和不一定是最小值。因此，我们稍微调整一下这种方法，先按照前面的步骤得到日元的总数，再在能缩减数量的情况下继续缩减。

　　使用代码清单 14.03 和代码清单 14.04，无论多大的金额，都是最多执行大概 30 次循环处理就能得到结果。

```
代码清单 14.03（q14_2.rb）

N = 45678
coins = [10000, 5000, 2000, 1000, 500, 100, 50, 10, 5, 1]

# 保存使用个数
used = [0] * 10 # 最初，所有日元均未使用
remain = N
# 先一个一个使用能用的日元
```

```ruby
9.downto(0) do |i|
  if remain > coins[i]
    used[i] = 1
    remain -= coins[i]
  end
end

# 暂存剩余的日元数量
0.upto(9) do |i|
  used[i] += remain / coins[i]
  remain %= coins[i]
end

# 调整数量
0.upto(8) do |i|
 if (used[i] == 0) && (coins[i + 1] == 2000) # 2000日元纸币的调整
   if used[i + 1] == 3 # 有3张2000日元纸币（6000日元）时
     used[i], used[i + 1] = 1, 0 # 设5000日元纸币有1张，2000日元纸币有0张
     used[i + 2] += 1 # 增加1张1000日元纸币
   elsif(used[i + 1] == 2) && (used[i + 2] >= 2)
     # 有2张2000日元纸币，至少2张1000日元纸币时
     used[i], used[i + 1] = 1, 0 # 设5000日元纸币有1张，2000日元纸币有0张
     used[i + 2] -= 1 # 减少1张1000日元纸币
   end
  else
    if (used[i] == 0) && (coins[i + 1] * used[i + 1] >= coins[i])
      used[i] = 1
      used[i + 1] -= coins[i] / coins[i + 1]
    end
  end
 end
puts used.inject(:+)
```

代码清单14.04（q14_2.js）

```javascript
N = 45678;
var coins = [10000, 5000, 2000, 1000, 500, 100, 50, 10, 5, 1];

// 保存使用个数（最初，所有日元均未使用）
var used = [0, 0, 0, 0, 0, 0, 0, 0, 0, 0];
var remain = N;

// 对数组各要素的值求和
Array.prototype.sum = function(){
  var result = 0;
  this.forEach(function(i){ result += i;});
  return result;
}

// 先一个一个使用能用的日元
for (var i = 9; i >= 0; i--){
  if (remain > coins[i]){
    used[i] = 1;
```

```
    remain -= coins[i];
  }
}

// 暂存剩余的日元数量
for (var i = 0; i < 10; i++){
  used[i] += Math.floor(remain / coins[i]);
  remain %= coins[i];
}

// 调整数量
for (var i = 0; i < 9; i++){
 if ((used[i] == 0) && (coins[i + 1] == 2000))
{
  if (used[i + 1] == 3) { // 有3张2000日元纸币(6000日元)时
    [used[i], used[i + 1]] = [1, 0];
    // 设5000日元纸币有1张，2000日元纸币有0张
    used[i + 2]++; // 增加1张1000日元纸币
  } else if ((used[i + 1] == 2) && (used[i + 2] >= 2)) {
    // 有2张2000日元纸币，至少2张1000日元纸币时
    [used[i], used[i + 1]] = [1, 0];
    // 设5000日元纸币有1张，2000日元纸币有0张
    used[i + 2]--; // 减少1张1000日元纸币
  }
 } else {
  if ((used[i] == 0) && (coins[i + 1] * used[i + 1] >= coins[i])){
    used[i] = 1;
    used[i + 1] -= Math.floor(coins[i] / coins[i + 1]);
  }
 }
}
console.log(used.sum());
```

最后的调整很重要。假设最开始换了1个1日元的硬币后还需要4日元，那么这时就可以不用1日元的硬币，而是直接换成5日元的硬币。

和玩扑克牌时一张一张发牌类似？

最开始分配日元时的确是这样的，要保证一个一个地发。

如果在编程的过程中能多思考如何把3层嵌套的循环变成2层的，把2层嵌套的循环变成1层的，计算机的负担就能有所减轻。

答案 17

Q15 | 深度优先搜索按广度优先排列节点的二叉树

我们先来看一下 图1.13 中左图这种按照从左往右的顺序标注节点的二叉树。该二叉树以 1 为根节点，按广度优先排列节点的编号（在有 10 个节点的情况下，节点的编号顺序如 图1.13 的左图所示）。

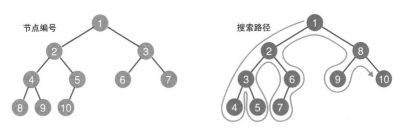

图1.13　有10个节点的二叉树

接下来，对该二叉树进行深度优先搜索。在进行深度优先搜索时，先沿着左子树方向纵向搜索，直到找到叶子节点，然后回溯到上一层，搜索右子树。假设要对左图的二叉树进行深度优先搜索，搜索路径如 图1.13 的右图所示。

对于有 m 个元素的二叉树，如何求第 n 次搜索后得到的节点编号呢？当 $m=10$、$n=6$ 时，右图中编号为 6 的节点就是左图中编号为 5 的节点；当 $m=10$、$n=8$ 时，右图中编号为 8 的节点就是左图中编号为 3 的节点。

问题

当 $m=3000$、$n=2500$ 时，第 2500 次搜索后得到的节点编号是多少？

Hint!

如果能发现节点编号的规律，只要进行循环处理就能实现程序。

只要关注节点的编号即可，无须构建二叉树，这个实现很简单呢。

思路

广度优先搜索和深度优先搜索对于节点的搜索顺序是不一样的。这次要以深度优先搜索的方式求广度优先搜索的节点编号，关键之处就在于了解节点的编号是如何分配的。这里，我们要先找到在广度优先搜索时给节点编号的规律。

我们来看一下 图 1.13 的左图中每个节点的左下方和右下方的数字。例如，2 的左下方是 4，右下方是 5；4 的左下方是 8，右下方是 9。

也就是说，每个节点左下方的编号是该节点编号的 2 倍，右下方的编号是该节点编号的 2 倍加 1。这样一来，在深度优先搜索时我们就可以知道下一个搜索的节点编号了。

但是，搜索时不是会返回上一层吗？

返回上一层时就反过来计算，用除以 2 的方式去求上一层节点的值。

除以 2 后只考虑商的值就行，不用考虑余数。

注意，在只看节点编号的情况下，我们并不知道接下来应该往左下搜索，还是往右下搜索，或是返回上一层，因此要保存前一个搜索过的节点编号。

按照从上往下的方式搜索，先搜索左下方的节点，左下方搜索完后搜索右下方的节点，右下方搜索完后返回上一层。这部分的处理逻辑如代码清单 15.01 和代码清单 15.02 所示。

```
代码清单15.01（q15.rb）

M, N = 3000, 2500

pre, now, n = 0, 1, N
while n > 1 do
  if (pre * 2 == now) || (pre * 2 + 1 == now)
    # 从上往下搜索时
    if now * 2 <= M
      # 如果左下方还有节点，则继续往左下方搜索
      pre, now, n = now, now * 2, n - 1
    else
      # 如果没有节点，则返回上一层
```

```ruby
      pre, now = now, now / 2
    end
  else
    if pre % 2 == 0
      # 返回上一层时
      if now * 2 + 1 <= M
        # 如果右下方还有节点，则继续往右下方搜索
        pre, now, n = now, now * 2 + 1, n - 1
      else
        # 如果没有节点则返回上一层
        pre, now = now, now / 2
      end
    else
      # 右下方搜索完之后返回上一层
      pre, now = now, now / 2
    end
  end
end

puts now
```

代码清单15.02（q15.js）

```javascript
M = 3000;
N = 2500;

var pre = 0;
var now = 1;
var n = N;

while (n > 1){
  if ((pre * 2 == now) || (pre * 2 + 1 == now)){
    // 从上往下搜索时
    if (now * 2 <= M)
      // 如果左下方还有节点，则继续往左下方搜索
      [pre, now, n] = [now, now * 2, n - 1];
    else
      // 如果没有节点，则返回上一层
      [pre, now] = [now, Math.floor(now / 2)];
  } else {
    if (pre % 2 == 0){
      // 返回上一层时
      if (now * 2 + 1 <= M)
        // 如果右下方还有节点，则继续往右下方搜索
        [pre, now, n] = [now, now * 2 + 1, n - 1];
      else
        // 如果没有节点，则返回上一层
        [pre, now] = [now, Math.floor(now / 2)];
    } else {
      // 右下方搜索完之后返回上一层
      [pre, now] = [now, Math.floor(now / 2)];
    }
```

```
    }
}

console.log(now);
```

 在查找第 n 次访问的节点时，从 n 开始一个一个按顺序递减即可。

 如果预先把最初的节点设为 1，把前一个节点设为 0，之后的处理就大同小异了。

 在重复次数为 n 时，处理时间和 n 成正比。因为是纯计算，所以瞬间就能处理完。

关键点

　　因为对二叉树进行搜索时所有的节点都要走遍，所以这种搜索又称为遍历。在对二叉树进行深度优先搜索时，节点访问次序有前序遍历、中序遍历和后序遍历这 3 种方式（ 图 1.14 ）。每一种方式的遍历路径相同，但是各节点的取值不同（前面的示例中用的就是前序遍历的方式）。

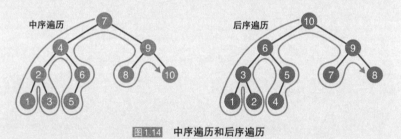

图1.14　中序遍历和后序遍历

 897

Q16 | 最简分数

思考一下在 0 和 1 之间的最简分数中，分母与分子之和是"某个数"的情况。以和是 20 为例，有以下 4 个最简分数。

$$\frac{1}{19} \quad \frac{3}{17} \quad \frac{7}{13} \quad \frac{9}{11}$$

两数之和是 20 的组合还有 2 和 18，以及 4 和 16 等，但是这些组合还能再约分，所以不是最简分数。

$$\frac{2}{18} = \frac{1}{9} \quad \frac{4}{16} = \frac{2}{8} = \frac{1}{4}$$

另外，下面这些数虽然分母与分子之和也是 20，但是值都大于 1，所以不在我们考虑的范围内。

$$\frac{19}{1} \quad \frac{17}{3} \quad \frac{13}{7} \quad \frac{11}{9}$$

问题

分母与分子之和是 1234567 时，0 到 1 之间的最简分数有多少个？

只要分子分母没有公约数就是最简分数。

如果有公约数，就能进行约分了。也就是说，只要找两个数的最大公约数为 1 的组合就行。

有一个很有名的方法可以用来求最大公约数。

思路

就像前面提到的那样，本题要找的就是"两个数的最大公约数为 1"的组合。我们有时也把这种情况叫作两个数"互质"。也就是说，按顺序取两个数，计算它们的最大公约数，然后累计最大公约数为 1 的组合的个数，直到计算完给定的数值范围内一半的数。

 求最大公约数的话……先求出公约数，然后找出最大的那个值就可以了吧？

 还有一种更好的方法，那就是著名的欧几里得算法，又称辗转相除法。

 一些编程语言中有现成的函数可供使用，大家可以事先确认一下。

Ruby、Python 和 PHP 等编程语言中预置了求最大公约数的函数，我们可以直接使用。这里我们来思考一下如果编程语言自身没有这个函数，该如何求最大公约数。

关键点

欧几里得算法是通过灵活运用余数的方式来求最大公约数的。

对于两个自然数 a 和 $b(a \geq b)$，当 a 除以 b 的余数为 r 时，"a 和 b 的最大公约数"和"b 和 r 的最大公约数"相等。

换句话说，求"a 和 b 的最大公约数"就是求"b 和 r 的最大公约数"。如果 b 除以 r 的余数为 c，求"a 和 b 的最大公约数"就等于求"r 和 c 的最大公约数"。

下面用 86 和 20 这两个数的最大公约数来说明一下这种循环处理。

$$86 \div 20 = 4 \cdots 6$$
$$20 \div 6 = 3 \cdots 2$$
$$6 \div 2 = 3 \cdots 0$$

余数为 0 时的除数（示例中是 2）就是最大公约数。具体实现如代码清单 16.01 所示。

```
代码清单16.01（q16_1.js）

function gcd(a, b){
  var r = a % b;
  while (r > 0){
    a = b;
    b = r;
    r = a % b;
  }
  return b;
}
```

如果使用递归处理，这部分的处理逻辑也可以通过代码清单 16.02 轻松实现。

```
代码清单16.02（q16_2.js）

function gcd(a, b){
  if (b == 0) return a;
  return gcd(b, a % b);
}
```

原来不需要一个一个地求出它们的约数啊。

这道题也能用递归实现高效处理呢。

分母和分子只要有一方的值确定了，另一方的值也就确定了。因此，可以让其中一方的值按从小到大的顺序递增，在此过程中求它和另一个值的最大公约数。这部分的处理逻辑如代码清单 16.03 和代码清单 16.04 所示。

```
代码清单16.03（q16.rb）

N = 1234567

cnt = 0
1.upto(N / 2) do |i|
  cnt += 1 if i.gcd(N - i) == 1
end
puts cnt
```

代码清单16.04（q16_3.js）

```javascript
// 用递归的方式求最大公约数
function gcd(a, b){
  if (b == 0) return a;
  return gcd(b, a % b);
}

N = 1234567;
var cnt = 0;
for (var i = 1; i < N / 2; i++){
  if (gcd(i, N - i) == 1) cnt++;
}
console.log(cnt);
```

用 Ruby 实现真简单！

JavaScript 也只使用了上面这段求最大公约数的逻辑，并不复杂。

 答案   612 360 个

前辈的 小讲堂

编程中用到的小学数学知识

有些在小学算术课上学过的数学知识，我们学过之后就没怎么用过了。比如本题中用到的最大公约数和最小公倍数，还有带分数、假分数、除法中的余数等，在中学及之后的数学课中几乎再也没使用过。

但是在编程的过程中，余数经常会出现在具有周期性的计算中。举个例子，程序员在实际的业务场景中经常会借助日期除以 7 的余数来求今天是星期几。

另外，为了避免小数计算中出现取整误差，很多时候会使用分数，以便用整数进行运算。有人会问算术和数学对将来有什么用，我觉得除了让我们拥有逻辑思维能力，算术和数学还可以在意想不到的地方派上用场。

第 **2** 章

初级篇

★★

通过内存化等方式
提高处理速度

数学谜题对日常的软件开发有用吗

人们经常争论数学谜题对实际工作是否有用。争论的点在于这类谜题的实用性：像迷宫问题的处理等解题方法在实际工作中几乎用不上。

另外，也有人认为解数学谜题这种形式过于注重求解速度，这会导致代码缺乏可读性和通用性。确实，我们在构建业务系统时会考虑系统的可维护性，用面向对象小心谨慎地设计，但在思考用于解决数学谜题的算法时，就不会这么做了。

但是，求解数学谜题也有它的好处。例如，如果我们在短时间内就写出一个程序，便很容易获得成就感。人很难一下子实现一个大的目标，但可以先实现一个一个的小目标，以此来保持积极性。这一点不仅适用于编程，也适用于其他情况。

还有一个好处是可以估算处理时间。实际的业务系统中经常出现这样的问题：在数据量较少的情况下一切正常，但数据量一旦增多，程序的响应速度就会变慢。如果你能预估算法的计算量，就能在实际操作前预估处理时间。

对学习编程的新人来说，通过求解各类算法题，可以熟悉如何用编程语言编写代码，还能提高自身的代码纠错能力。很多人即便当了领导，也会参加程序设计竞赛（编程大赛），与同行进行速度和正确性的比拼，并且乐在其中。

有些人能解数学谜题但不会开发业务系统，有些人会开发业务系统但不会解数学谜题。恐怕只有二者都会的人才算得上深入理解了编程吧。

Q17　一起乘缆车

假设你和朋友们一起在滑雪场搭乘缆车。为防止走散，大家决定搭乘连续的缆车。

不考虑谁和谁搭乘同一辆缆车，只考虑缆车的搭乘人数，那么单程一共有多少种搭乘缆车的方式？这里假设缆车不为空。

例如，当有 5 个人要搭乘定员为 3 人的缆车时，具体的搭乘方式如 表2.1 所示。

表2.1　5人搭乘定员为3人的缆车

搭乘方式	第1辆	第2辆	第3辆	第4辆	第5辆
(1)	1人	1人	1人	1人	1人
(2)	1人	1人	1人	2人	－
(3)	1人	1人	2人	1人	－
(4)	1人	2人	1人	1人	－
(5)	2人	1人	1人	1人	－
(6)	1人	1人	3人	－	－
(7)	1人	3人	1人	－	－
(8)	3人	1人	1人	－	－
(9)	1人	2人	2人	－	－
(10)	2人	1人	2人	－	－
(11)	2人	2人	1人	－	－
(12)	2人	3人	－	－	－
(13)	3人	2人	－	－	－

问题

假设一个 32 人的团体要搭乘定员为 6 人的缆车，一共有多少种搭乘方式？

Hint!

按照序章里介绍的方法试一试吧！

思路

因为要连续搭乘缆车，所以我们可以先减掉第 1 辆搭乘的人数，然后思考后面的缆车有多少种搭乘方式。第 2 辆及以后的缆车也可以用同样的方式处理，所以用简单的递归处理即可。

因为多次出现了同样的处理，所以我们可以试着用一下序章中提到的内存化的方式（代码清单 17.01 和代码清单 17.02）。

代码清单 17.01（q17.rb）

```ruby
MEMBER, LIFT = 32, 6

@memo = {0 => 1, 1 => 1}
def board(remain)
  return @memo[remain] if @memo[remain]
  cnt = 0
  1.upto(LIFT) do |i|
    cnt += board(remain - i) if remain - i >= 0
  end
  @memo[remain] = cnt
end

puts board(MEMBER)
```

代码清单 17.02（q17.js）

```javascript
MEMBER = 32;
LIFT = 6;

memo = {0: 1, 1: 1}
function board(remain){
  if (memo[remain]) return memo[remain];
  var cnt = 0;
  for (var i = 1; i <= LIFT; i++){
    if (remain - i >= 0) cnt += board(remain - i);
  }
  return memo[remain] = cnt;
}

console.log(board(MEMBER));
```

只要确定了初始值为 0 和 1，用内存化和递归的方式就能轻松实现程序，非常简单。

 答案 1 721 441 096 种

Q18

IQ 100　**目标时间：30分钟**

紧急通道的逃生方式

在发生灾害的时候，大楼里的人会利用楼梯逃生，但如果不能沉着冷静地应对，就可能会受伤。当然，强行超越前面的人这种做法是严格禁止的。

我们来思考一下 **图 2.1** 这种楼梯台阶上有人的情况。前面有人则不能前进，没人则可以前进。以 3 级台阶为例，在左图的情况下，需要一级一级地移动，移动 3 次就能逃生。但在右图的情况下，需要移动 5 次才能逃生。

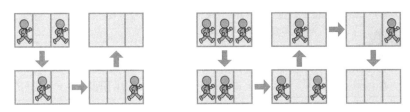

图2.1　下台阶的人

结合台阶上的人的初始位置，思考一下在全员都能顺利逃生的情况下，需要移动多少次，并将各种情况所需的移动次数全部加起来。以 3 级台阶为例，人的初始位置的情况如 **图 2.2** 所示，移动次数总共为 21。

1次　　2次　　　3次　　3次　　　3次　　4次　　5次

图2.2　在有3级台阶的情况下

问题

请结合初始位置的所有情况思考：当有 16 级台阶时，移动次数的总和是多少？

需要好好琢磨琢磨应该怎么设计用来表示"哪级台阶上有人"的数据结构。

思路

为了便于计算，首先在给定初始状态的前提下，制作一个求全员逃生所需移动次数的函数。然后对所有可能的初始状态，用该函数求出每种状态下的移动次数，最后求移动次数之和。这里，我们需要仔细思考的是该如何表示哪级台阶上有人。

可以用数组表示每一级台阶上的人员状态吗？

台阶上有人就用 1 表示，没人就用 0 表示。

如果使用数组，会涉及各个元素的复制和条件分支，比较麻烦。使用 Q02 中介绍的位运算会比较方便。

如果状态能用 0 和 1 这两个值表示，就可以用二进制和位运算。如果将有人的位置表示为 1，没人的位置表示为 0，那么本题中图 2.1 左上的部分就可以表示为 101。

在求没有人的台阶时，直接按位取反就能表示哪些台阶没人，右移则能表示移动。虽然右边（下一级台阶）有人时没法移动，但这也可以通过位运算来处理。

位于无人台阶左边（上一级台阶）的人可以移动。这里，只要把没有人的台阶左移，就可以让逃生的人移动到这个台阶上。具体请参考代码清单 18.01 和代码清单 18.02。

```
代码清单18.01（q18_1.rb）

N = 16

def steps(n)
  cnt = 0
  # 一直循环，直到所有人都成功逃生
  while n > 0 do
    cnt += 1
    # 通过按位取反得到没有人的台阶
    none = ~n
    # 可以移动的人所在的台阶
    movable = (none << 1) + 1
    # 移动后的人的状态
    n = (n & (~movable)) | ((n >> 1) & none)
  end
```

```
    cnt
end

sum = 0
# 全局搜索每级台阶上是否有人
(1..((1 << N) - 1)).each do |i|
  sum += steps(i)
end

puts sum
```

代码清单18.02（q18_1.js）

```
N = 16;

function steps(n){
  var cnt = 0;
  while (n > 0){
    cnt++;
    var none = ~n;
    var movable = (none << 1) + 1;
    n = (n & (~movable)) | ((n >> 1) & none);
  }
  return cnt;
}

var sum = 0;
for (var i = 1; i <= (1 << N) - 1; i++){
  sum += steps(i);
}

console.log(sum);
```

虽然程序中没有注释不太好理解，但代码写起来比较省事。

由于是全局搜索，所以我们要在处理速度上下一些功夫。使用内存化的方式，即便有20级台阶也能瞬间处理完（代码清单18.03和代码清单18.04）。

代码清单18.03（q18_2.rb）

```
N = 16

@memo = {0 => 0, 1 => 1}
def steps(n)
  return @memo[n] if @memo[n]
```

```
    # 通过按位取反得到没有人的台阶
    none = (~n)
    # 可以移动的人所在的台阶
    movable = (none << 1) + 1
    # 移动后的人的状态
    moved = (n & (~movable)) | ((n >> 1) & none)

    @memo[n] = 1 + steps(moved)
end

sum = 0
# 全局搜索每级台阶上是否有人
(1..((1 << N) - 1)).each do |i|
    sum += steps(i)
end

puts sum
```

代码清单18.04（q18_2.js）

```
N = 16;

var memo = [0, 1];
function steps(n){
    if (memo[n]) return memo[n];

    var none = ~n;
    var movable = (none << 1) + 1;
    var moved = (n & (~movable)) | ((n >> 1) & none);

    return memo[n] = 1 + steps(moved);
}

var sum = 0;
for (var i = 1; i < 1 << N; i++){
    sum += steps(i);
}

console.log(sum);
```

程序中"移动后的人的状态"这部分处理的关键点是，先清空 OR 运算中左边的移动前的状态，再给右边的移动后的状态赋值。

1 149 133 次

布局合理的窗帘挂钩

本题讨论的是能够让房间焕然一新的窗帘。窗帘一般有能够左右滑动的滑轮和轨道。在滑轮上套上挂钩，就能挂窗帘了。

在搬到新家重新挂窗帘的时候，往往会碰到滑轮多出来的情况。这里，我们思考一下在给定滑轮数和挂钩数的前提下，如果不允许存在相邻的 2 个滑轮没有套上挂钩的情况（如果有连续几处都没有挂钩，窗帘就会显得松松垮垮），那么窗帘有多少种挂法？

另外，轨道两头的滑轮一定要用上，且滑轮数少于挂钩数的 2 倍。例如，在有 6 个滑轮和 4 个挂钩的情况下，一共有 3 种组合方式（ 图2.3 中轨道标为绿色的组合），右下角的组合方式不包含在内。

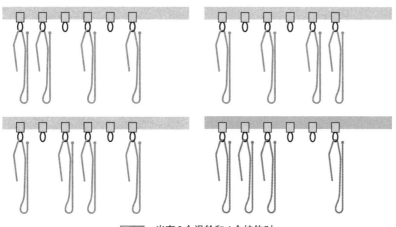

图2.3 当有6个滑轮和4个挂钩时

问题

在有 50 个滑轮和 35 个挂钩的情况下，窗帘一共有多少种挂法？

Hint!

如果用数学方式来思考问题，就能轻松实现代码。

思路

考虑到轨道两头的滑轮一定要用上，可以先从左边那一头开始把挂钩套到滑轮上，按照从左往右的顺序套挂钩，最后把所有挂钩都用完就结束了。

> 不允许存在相邻的 2 个滑轮都没有挂钩的情况，也就是说可以空 1 个滑轮，对吧？

> 关于套挂钩的方式，好像可以用递归的方法，但是不知道最后该怎么结束才好。

> 在思考空 1 个滑轮套挂钩时，结合剩下 2 个挂钩的情况来思考，就比较容易理解了。

关键点

如果正好剩 2 个滑轮和 2 个挂钩，就只有 1 种挂法；如果剩 3 个滑轮和 2 个挂钩，因为两端的滑轮一定要有挂钩，所以最右边也需要套 1 个挂钩。

也就是说，在剩下的 3 个滑轮中最左边需要套 1 个挂钩，中间要空 1 个滑轮。如果最左边不套挂钩，就会剩下 2 个滑轮和 2 个挂钩，这就和前面所说的情况一样了。如果最左边要套 1 个挂钩，挂法也只有 1 种。

具体实现如代码清单 19.01 和代码清单 19.02 所示。

```
代码清单19.01（q19_1.rb）

RUNNER, HOOK = 50, 35

@memo = { [2, 2] => 1, [3, 2] => 1 }
def search(runner, hook)
  return @memo[[runner, hook]] if @memo[[runner, hook]]

  return 0 if hook <= 1
  return 0 if runner < hook
  cnt = 0

  # 套挂钩
  cnt += search(runner - 1, hook - 1)

  # 在套挂钩时空1个滑轮
```

```
    cnt += search(runner - 2, hook - 1)
    @memo[[runner, hook]] = cnt
  end

  puts search(RUNNER, HOOK)
```

代码清单19.02（q19_1.js）

```
RUNNER = 50;
HOOK = 35;

memo = {[[2, 2]] : 1, [[3, 2]] : 1}
function search(runner, hook){
  if (memo[[runner, hook]])
    return memo[[runner, hook]];

  if (hook <= 1) return 0;
  if (runner < hook) return 0;
  var cnt = 0;

  // 套挂钩
  cnt += search(runner - 1, hook - 1);

  // 在套挂钩时空1个滑轮
  cnt += search(runner - 2, hook - 1);
  return memo[[runner, hook]] = cnt;
}

console.log(search(RUNNER, HOOK));
```

 知道了剩下 2 个挂钩时的挂法后，剩下 1 个挂钩时的挂法自然就确定了，对吧？

 也不用计算挂钩比滑轮多的情况，这太简单了。这部分逻辑用递归处理就能实现。

 也可以用数学方式思考。例如，我们可以用下面这种方法。

由于不能出现相邻的 2 个滑轮都没有挂钩的情况，所以我们可以把没有套挂钩的滑轮用套着挂钩的滑轮来分隔。也就是说，套着挂钩的位置用"□"表示，剩下的滑轮中能够套挂钩的位置用"○"表示，这样一来，本题中的示例就可以用"○□○□○"来表示。于是，问题就变成了求 3 个"○"的位置中有 2 个滑轮要套挂钩的组合方式。

换句话说，结果就是 $C_3^2 =3$ 种。假设滑轮数为 r，挂钩数为 h，则窗帘的挂法有 C_{h-1}^{r-h} 种。我们可以使用序章中提到的方法完成逻辑处理（代码清单19.03 和代码清单19.04）。

代码清单19.03（q19_2.rb）

```ruby
RUNNER, HOOK = 50, 35

@memo = {}
def nCr(n, r)
  return @memo[[n, r]] if @memo[[n, r]]
  return 1 if (r == 0) || (r == n)
  @memo[[n, r]] = nCr(n - 1, r - 1) + nCr(n - 1, r)
end

puts nCr(HOOK - 1, RUNNER - HOOK)
```

代码清单19.04（q19_2.js）

```javascript
RUNNER = 50;
HOOK = 35;

var memo = {};
function nCr(n, r){
  if (memo[[n, r]]) return memo[[n, r]];
  if ((r == 0) || (r == n)) return 1;
  return memo[[n, r]] = nCr(n - 1, r - 1) + nCr(n - 1, r);
}

console.log(nCr(HOOK - 1, RUNNER - HOOK));
```

啊……没想到还可以用这种方法。

琢磨透了以后化繁为简，很轻松就可以解出来，那种感觉特别棒。

答案 　1 855 967 520 种

IQ 90　**目标时间：20分钟**

Q20 醉酒后的回家路

//

坐地铁时的晃动感很容易让人入睡，所以很多喝了酒的人会睡过站。假设我们要坐地铁去某地，而且是沿着正确的方向前往目的地，在乘车过程中很可能睡过站。

这里不考虑在折返站或者折返后又在上车的那一站睡醒的情况，也不考虑在到达目的地车站之前提前下车的情况，只考虑移动路线。例如，某条地铁线共有5站，如果在2号站上车、在3号站下车，那么到目的地车站下车的路线共7种，具体如 图2.4 所示。

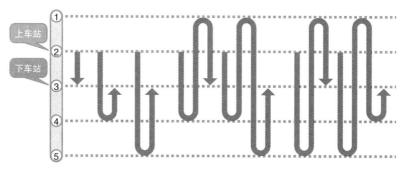

图2.4　在有5个车站的地铁线中，在2号站上车、在3号站下车的情况

问题

假设某条地铁线有15个车站。如果在3号站上车、在10号站下车，那么到目的地车站下车的路线一共有多少种？

虽然我们可以一站一站分开考虑，但还是要思考一下有没有处理效率更高的遍历方法。

那用什么数据结构比较好呢？好难啊……

思路

朝着下车那一站的方向行进，只要知道已经经过的车站和当前位置就可以进行遍历。按照行进方向，把还没路过的车站按"目的地车站"和"目的地车站后面的车站"进行划分，然后进行深度优先遍历。

按照车站的总数定义数组并设置标志位（flag），标识是否经过了该车站，到目的地车站后结束遍历。

不考虑行进方向就好办多了。

结束的条件就是判断一下是否到了目的地车站，也很简单。

将遍历结果保存起来可以避免重复遍历，具体实现如代码清单 20.01 和代码清单 20.02 所示。

```
代码清单20.01（q20_1.rb）

N, START, GOAL = 15, 3, 10

@memo = {}
def search(used, pos)
  return @memo[[used, pos]] if @memo[[used, pos]]

  return 1 if pos == GOAL # 到达目的地车站就结束
  cnt = 0
  used[pos - 1] = true # 设置使用完的标志位
  if pos < GOAL
    (GOAL..N).each do |i|
      cnt += search(used, i) if used[i - 1] == false
    end
  else
    (1..GOAL).each do |i|
      cnt += search(used, i) if used[i - 1] == false
    end
  end
  used[pos - 1] = false # 恢复标志位
  @memo[[used, pos]] = cnt
end

puts search([false] * N, START)
```

代码清单20.02（q20_1.js）

```
N = 15;
START = 3;
GOAL = 10;

memo = {}
function search(used, pos){
  if (memo[[used, pos]]) return memo[[used, pos]];

  if (pos == GOAL) return 1; // 到达目的地车站就结束
  var cnt = 0;
  used[pos - 1] = true; // 设置使用完的标志位
  if (pos < GOAL){
    for (var i = GOAL; i <= N; i++){
      if (used[i - 1] != true)
        cnt += search(used, i);
    }
  } else{
    for (var i = 1; i <= GOAL; i++){
      if (used[i - 1] != true)
        cnt += search(used, i);
    }
  }
  used[pos - 1] = false; // 恢复标志位
  return memo[[used, pos]] = cnt;
}

console.log(search(new Array(N), START));
```

在移动的过程中设置使用完的标志位，在遍历完之后又恢复了标志位呢！

根据和目的地车站的位置关系对行进方向进行变换。

虽然进行了内存化，但车站数如果超过16个，处理时间还是会大幅攀升。

我们可以换一种思路来提高处理效率。行进方向是交替变化的，如果知道每个方向剩余的车站数，就能求出一共有多少种路线了。

也就是说，我们要随着行进过程中前后车站数的变化来进行深度优先遍历（代码清单20.3和代码清单20.4）。

代码清单 20.3（q20_2.rb）

```ruby
N, START, GOAL = 15, 3, 10

def count(bw, fw)
  return 1 if fw == 0
  1 + fw * count(fw - 1, bw)
end

if START == GOAL
  puts "1"
elsif START < GOAL
  puts count(GOAL - 2, N - GOAL)
else
  puts count(N - GOAL - 1, GOAL - 1)
end
```

代码清单 20.4（q20_2.js）

```javascript
N = 15;
START = 3;
GOAL = 10;

function count(bw, fw){
  if (fw == 0) return 1;
  return 1 + fw * count(fw - 1, bw);
}

if (START == GOAL){
  console.log("1");
} else if (START < GOAL){
  console.log(count(GOAL - 2, N - GOAL));
} else {
  console.log(count(N - GOAL - 1, GOAL - 1));
}
```

前面剩余的车站数是 fw，后面剩余的车站数是 bw，是吗？

是呀。count 为 1 表示到达了目的地，剩余的递归部分用来针对坐过站的车站数求反向移动的组合数。

答案 1 274 766 种

Q21

IQ 90 **目标时间：20分钟**

读书计划

众所周知，从图书馆借的书一定要在指定日期内归还。因此，为了在借书期限内读完一本书，我们需要制定一个读书计划。当然，如果早早读完也可以提前还书。

书的后半部分通常比较难，所以看书的速度一定会比之前慢。例如，有一本 100 页的书，如果想花 1 天读完，那么 1 天就要读 100 页，只有这 1 种组合；如果想要 2 天读完，就有 49 种组合（ 表2.2 ）；如果 4 天读完，就有 784 种组合（ 表2.3 ）。

表2.2　2天读完的组合

第1天	第2天
51页	49页
52页	48页
…	…
99页	1页

表2.3　3天读完的组合

第1天	第2天	第3天
35页	34页	31页
35页	33页	32页
36页	35页	29页
36页	34页	30页
36页	33页	31页
…	…	…
97页	2页	1页

问题

假设有一本 180 页的书要在 14 天内归还，那么 14 天内读完这本书的组合一共有多少种？

Hint!

如果知道前一天的阅读量，就能缩小当天阅读量的取值范围了。

思路

减去读完的页数后，只要在剩下的天数内读完剩余的页数即可，所以可以用相同的处理逻辑处理。换句话说，只要知道剩余的页数、到前一天为止读完的页数、剩余的天数，就能用递归的方式求解。

在求指定天数内一共有多少种组合可以读完整本书时，只要保证在剩余天数内读完剩余页数，就符合题目要求。

也就是说，排除天数为 0 或者没有剩余页的情况，在剩余页数为 0 时结束遍历。

如果一开始就把到前一天为止读完的页数设置成大于整本书的页数，就能使用相同的处理逻辑了。

相同的处理逻辑会反复出现，所以使用内存化能提高处理效率。

我们可以把剩余的页数、到前一天为止读完的页数、剩余的天数作为 3 个参数，使用递归函数实现。具体如代码清单 21.01 和代码清单 21.02 所示。

代码清单 21.01（q21_1.rb）

```ruby
PAGES, DAYS = 180, 14

@memo = {}
def search(pages, prev, days)
  return @memo[[pages, prev, days]] if @memo[[pages, prev,
days]]

  return 1 if pages == 0
  return 0 if (pages < 0) || (days == 0)
  cnt = 0
  1.upto(prev - 1) do |i|
    cnt += search(pages - i, i, days - 1)
  end
  @memo[[pages, prev, days]] = cnt
end

puts search(PAGES, PAGES + 1, DAYS)
```

代码清单 21.02（q21_1.js）

```javascript
PAGES = 180;
DAYS = 14;
```

```
memo = {}
function search(pages, prev, days){
  if (memo[[pages, prev, days]]) return memo[[pages, prev,
days]];

  if (pages == 0) return 1;
  if ((pages < 0) || (days == 0)) return 0;
  var cnt = 0;
  for (var i = 1; i < prev; i++){
    cnt += search(pages - i, i, days - 1);
  }
  return memo[[pages, prev, days]] = cnt;
}

console.log(search(PAGES, PAGES + 1, DAYS));
```

结束遍历的条件真是浅显易懂呀。

我明白了。当天能读的页数范围在 1 和"到前一天为止读完的页数"之间。

但是，如果是一本 300 页左右的书，处理起来就比较花时间了。

　　如果求的是 n 天正好读完一本书的组合，也可以通过 n 的变化来求解。假设第 n 天读 a 页正好读完一本书，由于第 1 天到第 n−1 天读的页数超过 a，所以总页数减去 a 得到的差就是 n−1 天读的页数。

　　也就是说，程序可以像代码清单 21.03 和代码清单 21.04 这样写。

代码清单21.03（q21_2.rb）

```
PAGES, DAYS = 180, 14

@memo = {}
def search(page, days)
  return @memo[[page, days]] if @memo[[page, days]]

  return 1 if days == 1
  cnt = 0
  1.upto((page - days * (days - 1) / 2) / days) do |i|
    cnt += search(page - i * days, days - 1)
  end
```

```
    @memo[[page, days]] = cnt
  end

cnt = 0
1.upto(DAYS) do |i|
  cnt += search(PAGES, i)
end

puts cnt
```

代码清单21.04（q21_2.js）

```
PAGES = 180;
DAYS = 14;

var memo = {};
function search(page, days){
  if (memo[[page, days]]) return memo[[page, days]];

  if (days == 1) return 1;
  var cnt = 0;
  var oneday = ((page - days * (days - 1) / 2) / days);
  for (var i = 1; i <= oneday; i++){
    cnt += search(page - i * days, days - 1);
  }
  return memo[[page, days]] = cnt;
}

var cnt = 0;
for (var i = 1; i <= DAYS; i++){
  cnt += search(PAGES, i);
}

console.log(cnt);
```

这样一来，即便是要在60天内看完500页的书，我们也能瞬间得到答案。

在需要使用内存化的情况下，多加思考要内存化的量能得到更好的结果。

 答案 ▶ 140 615 467 种

Q22 通过百格计算查找最短路径

练习算数时经常会碰到百格计算[1]。在百格计算中会用到 图2.5 展示的这种 10×10 的表，上表头和左表头分别随机填入了数字 0～9。如左边的图所示，行和列交叉的格子中填入的是相应行和列的数字之和。

	3	5	0	8	1	4	2	6	7	9
4										
8										
1										
7							9			
0										
6										
9										
2										
5										
3										

	3	5	0	8	1	4	2	6	7	9
4	7	9	4	12	5	8	6	10	11	13
8	11	13	8	16	9	12	10	14	15	17
1	4	6	1	9	2	5	3	7	8	10
7	10	12	7	15	8	11	9	13	14	16
0	3	5	0	8	1	4	2	6	7	9
6	9	11	6	14	7	10	8	12	13	15
9	12	14	9	17	10	13	11	15	16	18
2	5	7	2	10	3	6	4	8	9	11
5	8	10	5	13	6	9	7	11	12	14
3	6	8	3	11	4	7	5	9	10	12

图2.5　百格计算的示例

用数把所有格子填满以后，如 图2.5 的右图所示从左上角开始一直到右下角，上下左右地遍历相邻的格子，不断朝着右下角的方向前进。求所经过的格子里的数之和最小的那条路径（最短路径）。

如果是上面的示例，右图中画出的那条路径就是最短路径，经过的格子中所有数之和是 117。另外，表的上表头和左表头中填入的是 0～9 这样的个位数，这些数字在表头中可能会重复出现。

问题

假设上表头的数字依次是 8、6、8、9、3、4、1、7、6、1，左表头的数字依次是 5、1、1、9、1、6、9、0、9、6，请找出最短路径，并求出这条路径上的数之和是多少。

---

[1] 岸本裕史先生于昭和 40 年代（1965 年—1974 年）提出的一种儿童数学运算训练方法。
　　　　　　　　　　　　　　　　　　　　　　　　　　　　　　——编者注

思路

因为每个格子中填入的数是上表头和左表头的数之和，所以用加法就能求解。这里，我们从左上角开始，往右下角查找数之和最小的那条路径。

本题的重点是在上下左右进行查找。我们可以使用迪杰斯特拉算法，即用广度优先遍历的方法按顺序查找（另外，用递归处理中剪枝的方式也可以解决这个问题）。

迪杰斯特拉算法？迪杰斯特拉算法是什么？

它是图论中解决最短路径问题时最具代表性的一个算法，仅限于正数使用，所以本题可以使用该算法。

从左上角的格子开始，按顺序确定朝上下左右移动时路径中所有数之和最小的格子即可。

根据迪杰斯特拉算法实现的程序如代码清单 22.01 和代码清单 22.02 所示。

```
代码清单22.01（q22_1.rb）

# 给上表头和左表头赋值
col = [8, 6, 8, 9, 3, 4, 1, 7, 6, 1]
row = [5, 1, 1, 9, 1, 6, 9, 0, 9, 6]

# 设置各个格子的值（上表头和左表头相应的数之和）
board = row.map{|i| col.map{|j| i + j}}

# 保存移动过程中的最短路径之和（开销）
#（最大值的初始值设为2000）
cost = Array.new(row.size){Array.new(col.size, 2000)}
cost[0][0] = board[0][0]

queue = [[0, 0]]
while queue.size > 0 do
  # 排序后取值，以确定开销最小的格子
  queue.sort_by!{|r, c| cost[r][c]}
  r, c = queue.shift

  # 比较上下左右的值，把最小值放入队列
  [[-1, 0], [0, -1], [1, 0], [0, 1]].each do |d|
    x, y = r + d[0], c + d[1]
    if (x >= 0) && (x < row.size) &&
       (y >= 0) && (y < col.size)
```

```
        if cost[x][y] > cost[r][c] + board[x][y]
            cost[x][y] = cost[r][c] + board[x][y]
            queue.push([x, y])
        end
      end
    end
end

puts cost[row.size - 1][col.size - 1]
```

代码清单 22.02（q22_1.js）

```
// 给上表头和左表头赋值
var col = [8, 6, 8, 9, 3, 4, 1, 7, 6, 1];
var row = [5, 1, 1, 9, 1, 6, 9, 0, 9, 6];

// 设置各个格子的值（上表头和左表头相应的数之和）
var board = new Array(row.length);
// 保存移动过程中的最短路径之和（开销）
// （最大值的初始值设为2000）
var cost = new Array(row.length);
for (var i = 0; i < row.length; i++){
  board[i] = new Array(col.length);
  cost[i] = new Array(col.length);
  for (var j = 0; j < col.length; j++){
    board[i][j] = row[i] + col[j];
    cost[i][j] = 2000;
  }
}

cost[0][0] = board[0][0]

var queue = [[0, 0]];
while (queue.length > 0){
  // 排序后取值，以确定开销最小的格子
  queue.sort(function(a, b){
    return cost[a[0]][a[1]] < cost[b[0]][b[1]];
  });
  var r, c;
  [r, c] = queue.shift();

  // 比较上下左右的值，把最小值放入队列
  [[-1, 0], [0, -1], [1, 0], [0, 1]].forEach(function(d){
    var x, y;
    [x, y] = [r + d[0], c + d[1]];
    if ((x >= 0) && (x < row.length) &&
        (y >= 0) && (y < col.length)){
      if (cost[x][y] > cost[r][c] + board[x][y]){
        cost[x][y] = cost[r][c] + board[x][y];
        queue.push([x, y]);
      }
    }
```

```
  });
}

console.log(cost[row.length - 1][col.length - 1]);
```

比较上下左右的值，在合计值较大时就可以终止遍历了。

关键点在于开销要按从小到大的顺序取值。

迪杰斯特拉算法非常适合用来解决这类题目，大家一定要好好记住哦。

还有一种方法是，如果能证明往上或往左返回的路径并非最短路径，那么只要往右或往下移动就可以了。例如在往左移动时，移动方式如 图2.6 所示。

这时，从左上角向右下角移动的路径之和的求解方式如下所示。

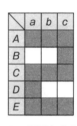

图2.6　假设向左移动

$(1) 3A+B+3C+D+3E+4a+3b+4c$

另一条路径，即先直接往下移动再往右移动时的路径之和的求解方式如下所示。

$(2) A+B+C+D+3E+5a+b+c$

直接先往右移动再往下移动时的路径之和的求解方式如下所示。

$(3) 3A+B+C+D+E+a+b+5c$

如果要像上面那样移动，那么 (1) 就得比另两个的和小才行。换句话说，要满足 (1)<(2) 且 (1)<(3)。也就是说，必须满足下面两个式子。

$(1)<(2) \cdots 2A+2C-a+2b+3c<0$
$(1)<(3) \cdots 2C+2E+3a+2b-c<0$

第 1 个式子变形后会变成 $2A+2C+2b+3c < a$。在式子两边各乘以 3，

就能得到下面的式子。

(4) $6A+6C+6b+9c<3a$

第 2 个式子变形后会变成 $3a<c-2C-2E-2b$，与式子 (4) 结合后，可得到下面的式子。

(5) $6A+6C+6b+9c<c-2C-2E-2b$

将等式右边移动到左边之后，可得到以下结果。

(6) $6A+8C+2E+8b+8c<0$

$A \sim E$ 和 $a \sim c$ 都是大于等于 0 的整数，所以不可能出现上述结果。

往上移动也是同样的道理，所以这次只需要考虑往右或往下移动的情况。

说到快速求解的方法，我们可以想到动态规划算法和内存化递归等。代码清单 22.03 和代码清单 22.04 是用动态规范算法写的简单示例。程序将在从上往下或从左往右移动的过程中，选择可以使数之和最小的格子，并在遍历的同时保存该条路径上的数之和。

代码清单 22.03（q22_2.rb）

```ruby
# 给上表头和左表头赋值
col = [8, 6, 8, 9, 3, 4, 1, 7, 6, 1]
row = [5, 1, 1, 9, 1, 6, 9, 0, 9, 6]

# 设置各个格子的值（上表头和左表头相应的数之和）
board = row.map{|i| col.map{|j| i + j}}

# 在上边的值和左边的值中选择一个较小的值做加法运算
row.size.times do |i|
  col.size.times do |j|
    if (i == 0) && (j == 0) # 最开始的格子
      next
    elsif i == 0            # 设置第1行
      board[i][j] += board[i][j - 1]
    elsif j == 0            # 设置第1列
      board[i][j] += board[i - 1][j]
    else                    # 剩余的行和列
      board[i][j] += [board[i][j - 1], board[i - 1][j]].min
```

```
      end
    end
end

# 输出结果
puts board[row.size - 1][col.size - 1]
```

代码清单 22.04（q22_2.js）

```
// 给上表头和左表头赋值
var col = [8, 6, 8, 9, 3, 4, 1, 7, 6, 1];
var row = [5, 1, 1, 9, 1, 6, 9, 0, 9, 6];

// 设置各个格子的值（上表头和左表头相应的数之和）
var board = new Array(row.length);
for (var i = 0; i < row.length; i++){
  board[i] = new Array(col.length);
  for (var j = 0; j < col.length; j++){
    board[i][j] = row[i] + col[j];
  }
}

// 在上边的值和左边的值中选择一个较小的值做加法运算
for (var i = 0; i < row.length; i++){
  for (var j = 0; j < col.length; j++){
    if ((i == 0) && (j == 0)){// 最开始的格子
      continue;
    } else if (i == 0){        // 设置第1行
      board[i][j] += board[i][j - 1];
    } else if (j == 0){        // 设置第1列
      board[i][j] += board[i - 1][j];
    } else {                   // 剩余的行和列
      board[i][j] += Math.min(board[i][j - 1], board[i - 1]
[j]);
    }
  }
}

// 输出结果
console.log(board[row.length - 1][col.length - 1]);
```

答案 122

巧排座位

工作人员在安排研讨会的座位时，为了方便演讲者和听众能够互相看见对方，会将座位整体排成左右对称的长方形。为了避免只排 1 列的情况，要求纵向和横向至少有 2 排座位。

另外，因为只会在纵向上设置通道，所以除了第 1 排，后面各排的前面都必须有座位。并且，为了方便大家进出，通道两头必须贯通，不能有中途阻塞的情况。如果并排放置了 6 个座位，大家进出会不方便，所以此时必须在中间设置通道（也就是说，最多能并排放置 5 个座位）。

在放置 12 个座位的情况下，如 图2.7 中用绿色方框标示的那样，共有 6 种排列方式（左下角的座位图并排放置了 6 个座位，第 3 排中间的座位图出现了通道阻塞和前排座位为空的情况，右下角的座位图左右不对称，所以这 3 种排列方式均不符合要求）。

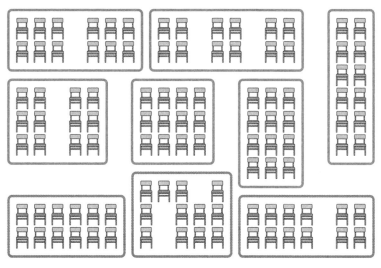

图2.7 放置12个座位的示例

问题

假设要放置 100 个座位，那么一共有多少种排列方式？

思路

由于座位的排列整体是一个长方形，所以在决定每排和每列安排多少座位时，要让人数能被整除（人数能按照纵向 × 横向分解）。下面，我们就在此基础上思考如何在中间设置通道。

换句话说，用总的座位数除以每列的座位数，如果能够整除，它的商就是每排的座位数。如果除不尽，则说明没有办法按照该方式排座位，所以这种情况不在我们考虑的范围内。

 只要每排的座位数定了，那么不管每列要摆放多少座位，都不需要考虑它的排列方式，对吧？

 没错，只要针对各排座位思考在哪里设置通道就可以了。

本题的前提是，在至少并排放置 6 个座位时才考虑在中间设置通道。另外，在设置通道时，要间隔 2～5 个座位从两侧分别设置。由于在设置通道时必须左右对称，所以我们可把情况分为在正中间设置通道和不在正中间设置通道。

如果不在正中间设置通道，那么要考虑对处于通道之间的座位，

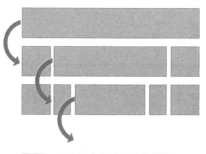

图2.8　不在正中间设置通道的情况

继续按照相同的方式再设置通道（图2.8）。也就是说，用递归的方式可以轻松实现这部分逻辑。

为了提高处理速度，我们可以把遍历到的座位数保存起来。具体如代码清单 23.01 和代码清单 23.02 所示。

```
代码清单23.01（q23.rb）

N = 100

@memo = {}
def splits(n)
  return @memo[n] if @memo[n]
  result = 0
  result += 1 if n < 6   # 不够6个座位就不设置通道
  2.upto(5) do |i|
```

```
    if n - i * 2 > 1
      # 从两侧开始设置通道，正中间不设置
      result += splits(n - i * 2)
    end
    # 在正中间设置通道
    result += 1 if n - i * 2 == 0
  end
  @memo[n] = result
end

cnt = 0
(2..(N - 1)).each do |i|
  if N % i == 0   # 当每排和每列的座位数都是整数时
    cnt += splits(i)
  end
end

puts cnt
```

代码清单23.02（q23.js）

```
N = 100;

var memo = [];
function splits(n){
  if (memo[n]) return memo[n];
  var result = 0;
  if (n < 6) result += 1; // 不够6个座位就不设置通道
  for (var i = 2; i <= 5; i++){
    if (n - i * 2 > 1){
      // 从两侧开始设置通道，正中间不设置
      result += splits(n - i * 2);
    }
    // 在正中间设置通道
    if (n - i * 2 == 0) result++;
  }
  return memo[n] = result;
}

var cnt = 0;
for (var i = 2; i < N; i++){
  if (N % i == 0){ // 当每排和每列的座位数都是整数时
    cnt += splits(i);
  }
}

console.log(cnt);
```

从座位两侧开始设置通道，然后用递归的方式来解决，这是关键。

当在两侧设置通道时，只能间隔 2 ～ 5 个座位设置，所以我们用递增的方式思考即可。

原来如此！只要在并排放置的座位外设置通道，然后再放置座位就可以了啊。

关键点

当每排座位数为 n 时，减去各个通道外侧追加的座位数，然后将剩余的座位数相加，即可求得排列方式的种类 seat(n)，具体公式如下所示。

$$seat(n) = seat(n-4) + seat(n-6) + seat(n-8) + seat(n-10)$$

提前将 n=0 ～ 9 的 seat(n) 的值作为初始值计算出来，然后套用上面的递推公式，即可得出答案。每排的座位数确定了以后，用这个式子求排列方式的种类，然后将各种情况的结果相加就能得到答案。

在通道两边放置座位的方法似乎也可以求解。

这个想法很好，你可以写一个程序试试。

 30 904 种

预约选座的奥秘

我们来思考一下新干线预约选座的情况。乘客预约选座后系统并不是单纯按顺序分配座位就可以了。新干线的座位分 2 人一排和 3 人一排,为了提升出行品质,3 人团体可以预约 3 人一排的座位,4 人团体可以预约 2 人一排的面对面的座位。

在本题中,预约座位时分配座位的规则如 表2.4 所示。

表2.4　分配座位的规则

人数	要分配的座位
6人	3人一排的面对面的座位
5人	2人座和3人座并列一排的座位
4人	2人一排的面对面的座位
3人	3人一排的座位
2人	3人一排中相邻的座位,或者2人一排的座位
1人	任意座位

图2.9 中的左图符合分配规则,右图则不符合分配规则。

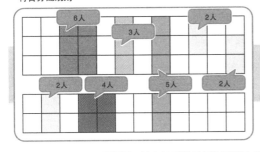

符合分配规则

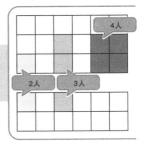

不符合分配规则

图2.9　符合规则的示例和不符合规则的示例

*这里不考虑 7 人以上的团体乘车的情况。另外,团体中各位乘客具体坐在哪个座位上也不在我们的考虑范围内,我们只思考团体的座位分配情况。

问题

在有 12 排座位的情况下,一共有多少种座位分配方式?

思路

在座位只有 1 排的情况下，如 图2.10 所示，一共有 9 种座位分配方式（不同颜色表示不同团体）。

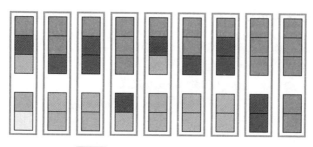

图2.10　只有 1 排座位时的分配方式

但是，4 人团体或者 6 人团体需要占用多排座位。虽然可以按照空位安排座位，但也可以换一种方法，即思考 2 人一排的座位和 3 人一排的座位分别能安排几人团体就座，这样实现起来会简单许多。

 2 人一排的座位可以分配给 2 人团体或 4 人团体，3 人一排的座位可以分配给 3 人团体或 6 人团体。但是，如果只有 1 个人或者是 5 人团体，该怎么分配呢？

 5 人团体可以安排在 2 人座和 3 人座并列一排的座位上，问题是 1 个人该如何分配座位。

 我们先来看一下 2 人一排的座位和 3 人一排的座位的分配方式吧。

2 人一排的座位一旦分配给 1 个人，剩下的 1 个座位也就只能分配给 1 个人了。换句话说，2 人一排的座位只能分配给 2 位单独的乘客或者 1 个 2 人团体。

3 人一排的座位有 4 种分配方式，即分配给 3 位单独的乘客，或者 1 位乘客加 1 个 2 人团体（单人乘客有坐最里侧和最外侧 2 种情况），再或者 1 个 3 人团体。

按照这种方式从左往右分配座位，就可以用递归的方式进行处理了。这时，针对 4 人团体就可以用 2 个 2 人团体的方式分配座位，针对 6 人团体就可以用 2 个 3 人团体的方式分配座位。想用内存化提高处理效率的话，具体如代码清单 24.01 和代码清单 24.02 所示。

代码清单24.01（q24_1.rb）

```ruby
N = 12

@memo = { [N, N] => 1}
def search(duo, trio)
  return @memo[[duo, trio]] if @memo[[duo, trio]]
  return 0 if (duo > N) || (trio > N)
  cnt = 0
  if duo == trio
    cnt += 2 * search(duo + 1, trio)     # 2人一排
    cnt += search(duo + 1, trio + 1)     # 5人团体
    cnt += search(duo + 2, trio)         # 为4人团体分配2人一排的座位
  elsif duo < trio
    cnt += 2 * search(duo + 1, trio)     # 2人一排
    cnt += search(duo + 2, trio)         # 为4人团体分配2人一排的座位
  else
    cnt += 4 * search(duo, trio + 1)     # 3人一排
    cnt += search(duo, trio + 2)         # 为6人团体分配3人一排的座位
  end
  @memo[[duo, trio]] = cnt
end

puts search(0, 0)
```

代码清单24.02（q24_1.js）

```javascript
N = 12;

var memo = {[[N, N]]: 1};

function search(duo, trio){
  if (memo[[duo, trio]]) return memo[[duo, trio]];
  if ((duo > N) || (trio > N)) return 0;
  var cnt = 0;
  if (duo == trio){
    cnt += 2 * search(duo + 1, trio);    // 2人一排
    cnt += search(duo + 1, trio + 1);    // 5人团体
    cnt += search(duo + 2, trio);        // 为4人团体分配2人一排的座位
  } else if (duo < trio){
    cnt += 2 * search(duo + 1, trio);    // 2人一排
    cnt += search(duo + 2, trio);        // 为4人团体分配2人一排的座位
  } else {
    cnt += 4 * search(duo, trio + 1);    // 3人一排
    cnt += search(duo, trio + 2);        // 为6人团体分配3人一排的座位
  }
  return memo[[duo, trio]] = cnt;
}

console.log(search(0, 0));
```

if 语句大体分为 3 个部分，它们都是用来进行什么处理的？

 最开始的条件语句用于处理当 2 人－排的座位或 3 人－排的座位处于同一排时的情况。剩余的两个条件语句分别用于处理 2 人－排的座位和 3 人－排的座位分别处于不同的排的情况。

 在处于同一排的情况下，在处理 2 人－排的座位时，还要包含 5 人团体的情况。

　　search 的参数表示的是 2 人一排和 3 人一排的列编号，一直统计到了最后 1 列。另外，如果 2 人一排的座位或者 3 人一排的座位中有任意一种超过了设定的列数的上限，就返回 0，不再进行统计。

 还有一种方法可以针对 5 人团体安排座位呢！

关键点

　　由于 5 人团体正好排成一长排，所以很容易区分 5 人团体和 5 人团体前后的位置关系。假设最左边是 5 人团体，那么它的左边就不会再出现 5 人团体了。换句话说，2 人一排的座位和 3 人一排的座位可以分开考虑。

　　反过来，考虑到 "给某个 5 人团体分配座位的方法也同样适用于把剩余未分配的座位分配给 5 人团体的情况"，我们可以用递归的方式实现，具体如代码清单 24.03 和代码清单 24.04 所示。

```
代码清单 24.03（q24_2.rb）

N = 12

@duo = {-1 => 0, 0 => 1}
def duo(n)
  return @duo[n] if @duo[n]
  # 针对2人一排的座位，安排2人团体或者4人团体就座
  @duo[n] = duo(n - 1) * 2 + duo(n - 2)
end

@trio = {-1 => 0, 0 => 1}
def trio(n)
```

```
  return @trio[n] if @trio[n]
  # 针对3人一排的座位，安排3人团体或者6人团体就座
  @trio[n] = trio(n - 1) * 4 + trio(n - 2)
end

@memo = {}
def search(n)
  return @memo[n] if @memo[n]
  sum = duo(n) * trio(n)  # 没有5人团体
  n.times do |i|          # 5人团体的位置
    sum += duo(i) * trio(i) * search(n - i - 1)
  end
  @memo[n] = sum
end

puts search(N)
```

代码清单24.04（q24_2.js）

```
N = 12;

var duo_memo = [1];
function duo(n){
  if (duo_memo[n]) return duo_memo[n];
  if (n < 0) return 0;
  // 针对2人一排的座位，安排2人团体或者4人团体就座
  return duo_memo[n] = duo(n - 1) * 2 + duo(n - 2);
}

var trio_memo = [1];
function trio(n){
  if (trio_memo[n]) return trio_memo[n];
  if (n < 0) return 0;
  // 针对3人一排的座位，安排3人团体或者6人团体就座
  return trio_memo[n] = trio(n - 1) * 4 + trio(n - 2);
}

var memo = [];
function search(n){
  if (memo[n]) return memo[n];
  var sum = duo(n) * trio(n);  // 没有5人团体
  for (var i = 0; i < n; i++){ // 5人团体的位置
    sum += duo(i) * trio(i) * search(n - i - 1);
  }
  return memo[n] = sum;
}

console.log(search(N));
```

将2人一排的座位和3人一排的座位分开思考后，每一个处理都变简单了。

每一种方法都瞬间求出了答案！

答案 2 754 844 344 633 种

前辈的 **小讲堂**

在线算法和离线算法

上面的这道题是关于新干线预约座位的问题。用于预约座位等场景的算法属于在线算法。在线算法是指在整体数据未知的情况下有序地处理输入数据的算法。

在预约座位的场景下，系统在接受预约时是不清楚剩余座位的分配方式的。因为无法提前知道是否所有座位都会被预订，所以也不能等全部乘客都预订了以后再分配座位。

还有一种在整体的数据已知的情况下进行处理的算法，称为离线算法。以排序为例，插入排序是在线算法，选择排序是离线算法。

最近，物联网（IoT）等由发送方实时传送数据的系统越来越多。对于这些系统，应尽可能使用在线算法。

在选择算法时要考虑很多问题，例如是否需要将实时数据量增加的情况纳入考虑范围，以及在处理开始前大概需要等多长时间等。

Q25

左右对称的二叉查找树

我们在学习数据结构时一定绕不开二叉树。特别是二叉查找树，在学习排序和搜索算法时，它非常重要。在二叉查找树中，节点左边一定是比该节点小的值，节点右边一定是比该节点大的值。

在输入为 n 时，生成一个拥有 $1\sim n$ 这 n 个节点的二叉查找树。我们就来思考一下在这个生成的二叉查找树中，左右对称的有多少种。

例如当 $n=7$ 时，一共有 5 种左右对称的二叉查找树（图 2.11）。

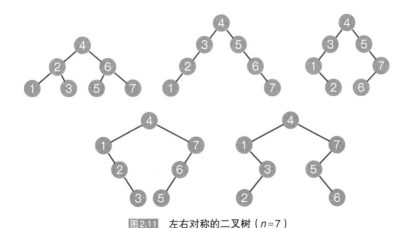

图2.11   左右对称的二叉树（$n=7$）

问题

当 $n=39$ 时，一共有多少种左右对称的二叉查找树？

Hint!

在左右对称的情况下，只要中间的节点值确定了，两边的节点值也就确定了吧？

可以按问题描述去思考，也可以试着用数学方法来求解。

思路

首先，最上面的节点是必不可少的，所以要让二叉查找树左右对称，则 n 只能为奇数。如果 n 为偶数，那么二叉查找树就无法出现左右对称的效果，这时结果为 0。

另外，既然是左右对称，那么只要思考左半部分或者右半部分就可以了，因为另一侧是一样的形状。在本题中，我们只思考左半部分应该怎么排列。

也就是说，只思考左半部分，右半部分也就自然而然地确定下来了，对吗？

左半部分的节点数等于总的节点数减去最上面的根节点后除以 2 得到的值。

换句话说，只要考虑左半部分节点的树状结构就可以了。

因为这次是二叉树，所以在选择了顶点的节点之后，用递归的方式就能生成左右两侧的树状结构。当然，在本题中，目的并不是生成树状结构，我们只要知道树状结构的节点个数即可，所以用递归的方式求出节点个数就可以了。

我们通过有序变换顶点的值求顶点下面的树状结构的节点个数，具体实现如代码清单 25.01 和代码清单 25.02 所示。

```
代码清单25.01（q25_1.rb）

N = 39

@memo = {0 => 1, 1 => 1}
def tree(n)
  return @memo[n] if @memo[n]

  cnt = 0
  (1..n).each do |i| # 顶点的值
    cnt += tree(i - 1) * tree(n - i)
  end
  @memo[n] = cnt
end

if N % 2 == 0
  puts "0"
else
  puts tree((N - 1) / 2)
end
```

代码清单25.02（q25_1.js）

```
N = 39;

var memo = [1, 1];
function tree(n){
  if (memo[n]) return memo[n];

  var cnt = 0;
  for (var i = 1; i <= n; i++){ // 顶点的值
    cnt += tree(i - 1) * tree(n - i);
  }
  return memo[n] = cnt;
}

if (N % 2 == 0){
  console.log(0);
} else {
  console.log(tree((N - 1) / 2));
}
```

从顶点来看，把左侧节点的个数与右侧节点的个数相乘即可得出答案。

进行内存化之后简直是瞬间就求出来了。

还可以用数学的方式求解。

有 $n+1$ 个节点的二叉树的个数可以用卡塔兰数[①]求解。公式如下所示。

$$\frac{2n!}{(n+1)! \times n!}$$

随着 n 变大，上面式子中的分母和分子的值也会变得很大，所以我们用下面这个变换后的式子来编写代码（代码清单 25.03 和代码清单 25.04）。

$$C_0 = 1, \ C_n = \sum_{i=0}^{n-1} C_i \times C_{n-1-i}$$

因为有 N 个节点，所以使用了 $C(n-1)$。

---

① 卡塔兰数是组合数学中一个经常出现在各种计数问题中的数列。——译者注

代码清单25.03（q25_2.rb）

```ruby
N = 39

# 卡塔兰数
@memo = {0 => 1}
def catalan(n)
  return @memo[n] if @memo[n]
  sum = 0
  n.times do |i|
    sum += catalan(i) * catalan(n - 1 - i)
  end
  @memo[n] = sum
end

if N % 2 == 0
  puts "0"
else
  puts catalan((N - 1) / 2)
end
```

代码清单25.04（q25_2.js）

```javascript
N = 39;

// 卡塔兰数
var memo = {0: 1};
function catalan(n){
  if (memo[n]) return memo[n];
  var sum = 0;
  for (var i = 0; i < n; i++){
    sum += catalan(i) * catalan(n - 1 - i);
  }
  return memo[n] = sum;
}

if (N % 2 == 0){
  console.log("0");
} else {
  console.log(catalan((N - 1) / 2));
}
```

 答案 1 767 263 190 种

Q26

指定次数的猜拳游戏

猜拳游戏很简单，但是 1 次就定胜负的话会让人觉得无趣。这里，我们来看一个通过猜拳游戏赢硬币的示例。

游戏规则是 A 和 B 两个人猜拳，输的人要给赢的人 1 枚硬币。假设 A 有 3 枚硬币，B 有 2 枚硬币，两人硬币数量的变化如 表2.5 所示。

表2.5　硬币数量的变化

猜拳次数	胜负	A	B
0	猜拳前	3枚	2枚
1	B胜	2枚	3枚
2	A胜	3枚	2枚
3	A胜	4枚	1枚
4	平局	4枚	1枚
5	A胜	5枚	0枚

游戏以一方的硬币输完为止（在上述示例中，猜拳 5 次，游戏就结束了）。

当然，如果双方总是你赢 1 次我赢 1 次，游戏就永远都结束不了，所以还需要指定猜拳次数的上限。

问题

假设 A 和 B 各有 10 枚硬币，而且猜拳次数最多为 24 次，那么在规定的次数内，一方的硬币都输完的情况一共有多少种？

如果是平局，那么猜拳次数会增加，但是硬币数量不会发生变化。

我们需要思考一下有什么高效的方法可以判定游戏结束。

A 和 B 只能出石头、剪刀和布三者之一，所以猜 1 次就有 9 种可能，猜 24 次就有 9^{24} 种可能。这是一个非常大的数。

在本题中，我们只看猜拳结果就可以了，也就是说有"A 赢""B 赢"和"平局"这 3 种情况。虽然只有 3 种情况，但也有 3^{24} 种可能。这里，我们可以根据 A 和 B 各自持有的硬币数量和剩余的猜拳次数进行处理。

感觉硬币数量本身的组合方式也是一个很大的数……

在猜 2 次的情况下，无论是按照 A → B 的顺序，还是按照 B → A 的顺序获胜，硬币的数量和剩余的猜拳次数都是一样的。

这么说，只要针对硬币的数量和剩余的猜拳次数求一共有多少种情况就可以了……似乎可以用递归的方式实现。

由于相同的逻辑会反复出现，所以要存储运算结果。

试着用递归的方式实现"由猜拳引起的硬币数量的变化和猜拳次数的减少"的循环处理，直到决出胜负。如果以"A 和 B 各自持有的硬币数量"和"指定的猜拳次数"为参数，则程序如代码清单 26.01 和代码清单 26.02 所示。

```
代码清单26.01（q26_1.rb）

A, B, LIMIT = 10, 10, 24

@memo = {}
def game(a, b, limit)
  return @memo[[a, b, limit]] if @memo[[a, b, limit]]
  return 1 if (a == 0) || (b == 0)      # 决出胜负
  return 0 if limit == 0                # 已达到游戏规定的次数
  cnt = 0
  cnt += game(a + 1, b - 1, limit - 1) # A赢
  cnt += game(a, b, limit - 1)         # 平局
  cnt += game(a - 1, b + 1, limit - 1) # B赢
  @memo[[a, b, limit]] = cnt
end

puts game(A, B, LIMIT)
```

```
A = 10;
B = 10;
LIMIT = 24;

memo = {};
function game(a, b, limit){
  if (memo[[a, b, limit]]) return memo[[a, b, limit]];
  if ((a == 0) || (b == 0)) return 1;    // 决出胜负
  if (limit == 0) return 0;              // 已达到游戏规定的次数
  var cnt = 0;
  cnt += game(a + 1, b - 1, limit - 1); // A赢
  cnt += game(a, b, limit - 1);         // 平局
  cnt += game(a - 1, b + 1, limit - 1); // B赢
  return memo[[a, b, limit]] = cnt;
}

console.log(game(A, B, LIMIT));
```

根据输赢或平局的情况相应增减硬币数量，这实在是太好懂了。

这种处理方式还很高效，即便猜拳次数增加也完全没有问题。

对解决这道题而言，这样处理已经足够了。但是，你们不觉得有些地方还可以进一步完善吗？

前面，我们是分开思考 A 和 B 持有的硬币数量的，但是硬币的总数一定是一个常数。也就是说，我们只要考虑其中一方持有的硬币数量就可以了。因此，本题也可以用代码清单 26.03 和代码清单 26.04 的方式实现。

```
A, B, LIMIT = 10, 10, 24

@memo = {}
def game(a, limit)
  return @memo[[a, limit]] if @memo[[a, limit]]
  return 1 if (a == 0) || (a == A + B) # 决出胜负
  return 0 if limit == 0               # 已达到游戏规定的次数
  cnt = 0
  cnt += game(a + 1, limit - 1)        # A赢
  cnt += game(a, limit - 1)            # 平局
```

```
  cnt += game(a - 1, limit - 1)          # B赢
  @memo[[a, limit]] = cnt
end

puts game(A, LIMIT)
```

代码清单26.04（q26_2.js）

```
A = 10;
B = 10;
LIMIT = 24;

memo = {};
function game(a, limit){
  if (memo[[a, limit]]) return memo[[a, limit]];
  if ((a == 0) || (a == A + B)) return 1; // 决出胜负
  if (limit == 0) return 0;               // 已达到游戏规定的次数
  var cnt = 0;
  cnt += game(a + 1, limit - 1);          // A赢
  cnt += game(a, limit - 1);              // 平局
  cnt += game(a - 1, limit - 1);          // B赢
  return memo[[a, limit]] = cnt;
}

console.log(game(A, LIMIT));
```

 原来如此。只要其中一方的硬币数量定了，另一方的硬币数量也就定了，不需要引入两个参数。

 就这道题而言，前面给出的两种处理方式没有太大差别，但如果换成其他问题，减少变量的个数或许能让代码更加简洁，提升处理速度。

 答案 1 469 180 016 种

Q27

IQ 90 **目标时间：20分钟**

巧分巧克力

假设兄弟几人要分一大块巧克力。如 **图 2.12** 所示，这块巧克力呈格子状，方便大家分着吃。在本题中，巧克力要沿着格子边缘的直线纵向或横向切分。

图 2.12 块状巧克力

由于要沿着格子边缘的直线切分，所以不能分到某一格的中间位置就停止。兄弟几人按照年龄从大到小的顺序取巧克力，从左上角开始选取自己想要的那份，然后把剩下的部分给下一个人。

思考在给定人数的情况下，巧克力一共有多少种分法。例如，当 3 个人分一块纵向有 3 格、横向有 4 格的巧克力时，一共有 16 种分法（ **图 2.13** ）。

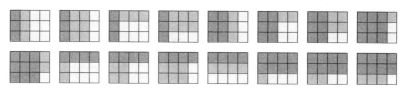

图 2.13 3 个人分巧克力的情形

问题

如果有 10 个人分一块纵向和横向各有 20 格的巧克力，那么一共有多少种分法？

Hint!

由于分完之后的巧克力还是一个长方形，所以相同的图形会反复出现。

思路

本题的解题关键在于，无论是纵向切分还是横向切分，分完之后的巧克力都还是一个长方形。一个人切了一块巧克力之后，把剩下的巧克力分给其余的人，这部分处理可以用递归的方式实现。

如果按纵向切分，横向有 4 个格子时可以在 3 处切分，刚好比横向的格子数少 1。

横向切分也一样，刚好比纵向的格子数少 1。

没错。要一直计数，直到分给最后一个人。

按照先纵向（左起第 1 条直线处）再横向（从上往下数第 1 条直线处）的顺序切分巧克力，与按照先横向（从上往下数第 1 条直线处）再纵向（左起第 1 条直线处）的顺序切分巧克力，剩余的巧克力的形状是一样的。因此，我们可以用递归的方式实现各种切分方式，具体请参考代码清单 27.01 和代码清单 27.02。为了提高代码的处理速度，我们使用内存化来处理。

```
代码清单27.01（q27_1.rb）

H, W, N = 20, 20, 10

@memo = {}
def cut(h, w, n)
  return @memo[[h, w, n]] if @memo[[h, w, n]]

  return 1 if n == 1
  cnt = 0
  1.upto(h - 1) do |i|
    cnt += cut(i, w, n - 1)
  end
  1.upto(w - 1) do |i|
    cnt += cut(h, i, n - 1)
  end
  @memo[[h, w, n]] = cnt
end

puts cut(H, W, N)
```

代码清单27.02（q27_1.js）

```js
H = 20;
W = 20;
N = 10;

memo = {};
function cut(h, w, n){
  if (memo[[h, w, n]]) return memo[[h, w, n]];

  if (n == 1) return 1;
  var cnt = 0;
  for (var i = 1; i < h; i++){
    cnt += cut(i, w, n - 1);
  }
  for (var i = 1; i < w; i++){
    cnt += cut(h, i, n - 1);
  }
  return memo[[h, w, n]] = cnt;
}

console.log(cut(H, W, N));
```

只要考虑纵向和横向的切分位置就可以了，好简单啊。

这样一来，即便巧克力的尺寸很大也可以瞬间得出答案。

这充分体现了内存化的好处。当然，我们也可以试着用数学方法解这道题。

分给 n 个人就意味着要纵向或横向切分 $n-1$ 次。在本题中，假设纵向切分 x 次，横向切分 y 次，那么 $x+y=n-1$。还有，从切分的次数来说，由于纵向切分的次数比横向的格子数少 1，横向切分的次数比纵向的格子数少 1，所以如果设横向的格子数为 W，纵向的格子数为 H，那么横向切分和纵向切分分别有 C_{W-1}^{x} 和 C_{H-1}^{y} 种分法。

从纵向和横向的切分顺序来思考，$n-1$ 次中有 x 次为纵向切分，所以纵向和横向切分的顺序有 C_{n-1}^{x} 种。随着纵向切分次数的变化统计该值，就能得到答案了。具体实现可参考代码清单 27.03 和代码清单 27.04。

代码清单27.03（q27_2.rb）

```ruby
H, W, N = 20, 20, 10

# 求从n个数中选取r个数的排列组合数
@memo = {}
def nCr(n, r)
  return @memo[[n, r]] if @memo[[n, r]]
  return 1 if (r == 0) || (r == n)
  @memo[[n, r]] = nCr(n - 1, r - 1) + nCr(n - 1, r)
end

cnt = 0
N.times do |x|
  y = N - 1 - x
  cnt += nCr(W - 1, x) * nCr(H - 1, y) * nCr(N - 1, x)
end
puts cnt
```

代码清单27.04（q27_2.js）

```javascript
H = 20;
W = 20;
N = 10;

var memo = {};
function nCr(n, r){
  if (memo[[n, r]]) return memo[[n, r]];
  if ((r == 0) || (r == n)) return 1;
  return memo[[n, r]] = nCr(n - 1, r - 1) + nCr(n - 1, r);
}

var cnt = 0;
for (var x = 0; x < N; x++){
  y = N - 1 - x;
  cnt += nCr(W - 1, x) * nCr(H - 1, y) * nCr(N - 1, x);
}
console.log(cnt);
```

没想到这道题还能用到排列组合。

程序中会经常用到排列组合，它可以帮助我们缩短编码时间。

 答案 16 420 955 656 种

Q28

IQ 90　**目标时间：20分钟**

设计高尔夫球场

假设要新建一个高尔夫球场，我们来思考一下该如何设计每个洞的标准杆数。

18 个洞的高尔夫球场比较常见，标准杆数为 72 杆。为了建造这样的高尔夫球场，我们要确定每个洞的标准杆数。规定是每个洞的标准杆数要大于等于 1 且小于等于 5。以一个比较小的数为例，假设 3 个洞的标准杆总数为12 杆，则如 表2.6 所示，各个洞的标准杆数的组合方式一共有 10 种。

表2.6　3个洞的标准杆总数为12杆时的情形

组合	1号洞	2号洞	3号洞
(1)	2杆	5杆	5杆
(2)	3杆	4杆	5杆
(3)	3杆	5杆	4杆
(4)	4杆	3杆	5杆
(5)	4杆	4杆	4杆
(6)	4杆	5杆	3杆
(7)	5杆	2杆	5杆
(8)	5杆	3杆	4杆
(9)	5杆	4杆	3杆
(10)	5杆	5杆	2杆

问题

如果 18 个洞的标准杆总数为 72 杆，那么各个洞的标准杆数一共有多少种组合？

每个洞的标准杆数都有上限，一个一个试也能试出结果。

Hint!

看来不仅要考虑相同杆数的组合，还要考虑排列。

思路

对 18 个洞依次推定标准杆数，所有洞的标准杆数都推定完后，搜索标准杆总数为 72 杆的组合。因此，可以通过在 1 至 5 的范围内改变每个洞的标准杆数的方式来求解。

 每个洞的标准杆数范围为 1～5，有 18 个洞就要搜索 5^{18} 次，对吧？那这里可以用全局搜索吗？

 在前面的示例中，1 号洞的标准杆数为 3 杆、2 号洞的标准杆数为 4 杆时的情况，和 1 号洞的标准杆数为 4 杆、2 号洞的标准杆数为 3 杆时的情况，在剩余的杆数和洞数上是一样的。感觉可以重复使用搜索结果。

 确实。只要知道洞数和杆数，就可以利用内存化进行搜索了。

这里可以把剩余的洞数和剩余的杆数设为参数，用递归的方式进行搜索，直到剩余的洞数和杆数为零时即可结束处理（代码清单 28.01 和代码清单 28.02）。

代码清单28.01（q28_1.rb）

```ruby
HOLE, PAR = 18, 72

@memo = {}
def golf(hole, par)
  return @memo[[hole, par]] if @memo[[hole, par]]
  return 0 if (hole <= 0) || (par <= 0)
  return 1 if (hole == 1) && (par <= 5)
  cnt = 0
  1.upto(5) do |i|
    cnt += golf(hole - 1, par - i)
  end
  @memo[[hole, par]] = cnt
end

puts golf(HOLE, PAR)
```

代码清单28.02（q28_1.js）

```javascript
HOLE = 18;
PAR = 72;

memo = {};
```

```
function golf(hole, par){
  if (memo[[hole, par]]) return memo[[hole, par]];
  if ((hole <= 0) || (par <= 0)) return 0;
  if ((hole == 1) && (par <= 5)) return 1;
  var cnt = 0;
  for (var i = 1; i <= 5; i++){
    cnt += golf(hole - 1, par - i);
  }
  return memo[[hole, par]] = cnt;
}

console.log(golf(HOLE, PAR));
```

 用这么简单的程序就能搞定，实在太棒了！程序终止的判断条件简洁明了，处理效率也很高。

 虽然这种方法已经很不错了，但我们还能进一步优化。

这次不以杆数的顺序为重点，而是从排列组合的角度进行思考。在本题的示例中，"2杆、5杆、5杆""3杆、4杆、5杆""4杆、4杆、4杆"等都可以看作排列组合。注意到这一点后，就可以求一共有多少种组合方式了。虽然处理速度没有太大变化，但是在某些场景下这种方法能取得很好的效果，大家不妨记住它（代码清单28.03和代码清单28.04）。

代码清单28.03（q28_2.rb）

```
HOLE, PAR = 18, 72

def calc(log)
  return 1 if log.length == 0
  result = (1..log.inject(:+)).inject(1, :*)
  log.each{|i|
    result /= (1..i).inject(1, :*)
  }
  result
end

def golf(hole, par, log)
  return 0 if (hole <= 0) || (par <= 0)
  return calc(log) if (hole == 1) && (par <= 5)
  cnt = 0
  5.downto(1) do |i|
    log[i] += 1
    cnt += golf(hole - 1, par - i, log)
```

```
    log[i] -= 1
    break if log[i] > 0
  end
  cnt
end

puts golf(HOLE, PAR, [0] * 6)
```

代码清单28.04（q28_2.js）

```
HOLE = 18;
PAR = 72;

function calc(log){
  var result = 1;
  var n = 0;
  for (var i = 1; i < log.length; i++){
    n += log[i];
  }
  for (var i = 1; i <= n; i++)
    result *= i;
  for (var i = 1; i < log.length; i++){
    var div = 1;
    for (var j = 1; j <= log[i]; j++)
      div *= j;
    result /= div;
  }
  return result;
}

function golf(hole, par, log){
  if ((hole <= 0) || (par <= 0)) return 0;
  if ((hole == 1) && (par <= 5)) return calc(log);
  var cnt = 0;
  for (var i = 5; i >= 1; i--){
    log[i] += 1;
    cnt += golf(hole - 1, par - i, log);
    log[i] -= 1;
    if (log[i] > 0) break;
  }
  return cnt;
}

console.log(golf(HOLE, PAR, new Array(0, 0, 0, 0, 0, 0)));
```

 答案　2 546 441 085 种

Q29 平分蛋糕 2[①]

IQ 90　目标时间：20分钟

//

在将蛋糕平分给 2 个孩子时，有一种经典的分法可供我们使用，具体如下所示。

> 老大按照自己认为公平的方式把 1 个蛋糕切成 2 块。
> 老二在 2 块蛋糕中挑选自己想要的那一块，然后把剩下的那块给老大。

这里我们思考一下 m 个孩子分蛋糕的情景。按照从左往右的顺序，每个人按自己的方式竖着切宽度为 n 的长方形蛋糕，然后从最后的那个人开始逆序依次挑选自己想要的那块蛋糕。

这里规定切好的蛋糕的宽度必须为整数，然后求切好后"最大的那块蛋糕的宽"和"最小的那块蛋糕的宽"相差不超过 w 的分法一共有多少种。

这里，我们把不切蛋糕的选项也纳入考虑范围。另外，如果切着切着发现蛋糕宽度不够，无法再切下去了，则停止切分。由于是从最后一个人开始选蛋糕，所以前面切蛋糕的人也有可能拿不到蛋糕（虽然这样有失公平）。

例如，当 $m=3$、$n=5$、$w=1$ 时，图2.14 中的左图展示了符合条件的 3 种分法，右图展示的分法不符合条件，所以不包含在内。

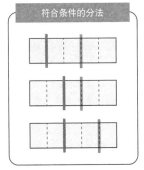
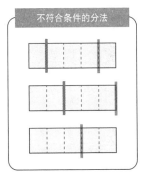

图2.14　当 $m=3$、$n=5$、$w=1$ 时

问题

当 $m=20$、$n=40$、$w=10$ 时，蛋糕一共有多少种分法？

――――――――――――――――

① "平分蛋糕"的第 1 版详见《程序员的算法趣题》中的 Q55。

在蛋糕宽度为 0 的情况下无法再继续切分，所以如果从 0 开始依次递增地对蛋糕宽度进行搜索，就可以求出所有的分法了。另外，每次切完后剩下的蛋糕宽度肯定会变小，所以我们可以用递归的方式让剩下的人去分剩下的蛋糕。

按从左往右的顺序切蛋糕就行了，好简单啊。

虽然蛋糕的宽度必须为整数，可一旦人数增多或者蛋糕的宽度增大，处理时间也会徒增。

在能剪枝的情况下，只早剪枝为好。

虽然有一种方法是等所有人切完蛋糕之后再判断蛋糕宽度之间的差是否符合要求，但是如果在切蛋糕的过程中就判断出这个差不符合规则，则可以立刻终止搜索。

这里，我们可以把宽度的最大值和最小值作为参数传给变量，如果它们之间的差超过了指定的值，就不再执行之后的搜索处理了（代码清单 29.01 和代码清单 29.02）。当然，也可以用内存化的方式避免反复对相同的参数进行搜索。

代码清单 29.01（q29_1.rb）

```
M, N, W = 20, 40, 10

@memo = {}
def cut(m, n, min, max)
  return @memo[[m, n, min, max]] if @memo[[m, n, min, max]]
  # 如果最大值和最小值的差超过指定的值，就终止处理
  return 0 if max - min > W
  # 在所有人切完蛋糕后终止处理
  return (n == 0) ? 1 : 0 if m == 0
  cnt = 0
  0.upto(n) do |w| # 根据宽度的变化进行递归搜索
    cnt += cut(m - 1, n - w, [min, w].min, [max, w].max)
  end
  @memo[[m, n, min, max]] = cnt
end

puts cut(M, N, N, 0)
```

代码清单29.02（q29_1.js）

```
M = 20;
N = 40;
W = 10;

var memo = {};
function cut(m, n, min, max){
  if (memo[[m, n, min, max]]) return memo[[m, n, min, max]];
  // 如果最大值和最小值的差超过指定的值，就终止处理
  if (max - min > W) return 0;
  // 在所有人切完蛋糕后终止处理
  if (m == 0) return (n == 0) ? 1 : 0;
  var cnt = 0;
  for (var w = 0; w <= n; w++){  // 根据宽度的变化进行递归搜索
    cnt += cut(m - 1, n - w, Math.min(min, w), Math.max(max, w));
  }
  return memo[[m, n, min, max]] = cnt;
}

console.log(cut(M, N, N, 0));
```

 每次都确认最大值和最小值实在太浪费时间了，难道没有更好的办法吗？

 当然有。也可以不断调整最小值，在指定范围即最大值和最小值的差之间进行搜索。

假设有一个长度为 n 的蛋糕，其可切宽度的最小值为 a，我们先切下 m 个宽度为 a 的蛋糕块。剩下的蛋糕按 p 个人没有切蛋糕，q 个人切的蛋糕宽度为 1，r 个人切的蛋糕宽度为 2 这种方式进行切分。这样一来，我们就可以用下面的式子求出排列组合的个数了。

$$\frac{m!}{p!q!r!\cdots}$$

具体实现可参考代码清单 29.03 和代码清单 29.04。

代码清单29.03（q29_2.rb）

```
M, N, W = 20, 40, 10

@memo = [1]
def facorial(n)
  return @memo[n] if @memo[n]
  @memo[n] = n * facorial(n - 1)
```

```
end
def cut(m, n, len, x)
  return x / facorial(m + 1) if len == 0
  cnt = 0
  [0, n - m * (len - 1)].max.upto(n / len) do |i|
    # 设长度为len，一边调整切蛋糕的人数一边执行
    cnt += cut(m - i, n - i * len, len - 1, x / facorial(i))
  end
  cnt
end

cnt = 0
0.upto(N / M) do |i| # 宽度的最小值
  cnt += cut(M - 1, N - i * M, W, facorial(M))
end
puts cnt
```

代码清单29.04（q29_2.js）

```
M = 20;
N = 40;
W = 10;

var memo = [1];
function facorial(n){
  if (memo[n]) return memo[n];
  return memo[n] = n * facorial(n - 1);
}

function cut(m, n, len, x){
  if (len == 0) return x / facorial(m + 1);
  var cnt = 0;
  for (var i = Math.max(0, n - m * (len - 1)); i <= n / len; i++){
    // 设长度为len，一边调整切蛋糕的人数一边执行
    cnt += cut(m - i, n - i * len, len - 1, x / facorial(i));
  }
  return cnt;
}

var cnt = 0;
for (var i = 0; i <= N / M; i++){ // 宽度的最小值
  cnt += cut(M - 1, N - i * M, W, facorial(M));
}
console.log(cnt);
```

 答案 1 169 801 856 636 575 种

轮流取卡片

　　2 人轮流取卡片，如果最后取卡片的人的卡片总数最多，那么他就是赢家（即最后没取到卡片的人输，如果最后取到卡片了但卡片总数与对方相等或比对方少，也判定为输）。

　　本题中，我们对每次可以取的卡片张数设置了上限，每次可以取的卡片张数在 1 和上限值之间。那么，先取卡片的人获胜的取法一共有多少种？这里规定双方每次至少取 1 张卡片。

　　例如，在有 6 张卡片，每次最多能取 1 张卡片的情况下，先取卡片的一方不可能获胜。但如果有 6 张卡片，每次最多能取 2 张卡片，则如 图 2.15 所示，先取卡片的人有 4 种方法可以获胜。

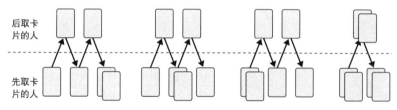

后取卡片的人

先取卡片的人

图 2.15　有 6 张卡片，每次最多取 2 张卡片时的情形

问题

　　假设有 32 张卡片，每次最多能取 10 张，那么一共有多少种取法可以让先取卡片的人获胜？

Hint!

如果使用深度优先遍历的方法取完最后一张卡片，还是很好理解的。

如果不多下一些功夫，处理时间可能会比较长，所以还是要注意哦。

由于剩余的卡片数量会依次递减，所以用递归的方式进行遍历，直到取完所有卡片，就能覆盖所有的搜索路径了。但是，一旦卡片的数量增加，使用全局搜索的方式就会花费比较多的处理时间了。

因此，我们需要再好好考虑一下。对于剩余的卡片数、先取卡片的人的卡片总数、取卡片的顺序等会反复用到的值，都需要进行内存化处理，以减少搜索量。

要是只考虑先取卡片的人的卡片总数，就不需要考虑后取卡片的人拥有的卡片总数了吧？

如果知道剩余的卡片数，就可以通过先取卡片的人的卡片总数算出后取卡片的人的卡片总数了。

最后还要判定胜负，所以取卡片的顺序很重要。

轮流取卡片的操作可以通过交换取卡片的顺序来实现，如果在递归搜索的过程中来回切换 true（先取卡片的一方）和 false（后取卡片的一方），那么程序如代码清单 30.01 和代码清单 30.02 所示。

代码清单 30.01（q30_1.rb）

```
CARDS, LIMIT = 32, 10

@memo = {}
def check(remain, fw, turn)
  return @memo[[remain, fw, turn]] if @memo[[remain, fw, turn]]

  if remain == 0
    # 先取卡片一方的卡片总数超过一半即获胜
    return ((!turn) && (fw > CARDS / 2))?1:0
  end
  cnt = 0
  1.upto(LIMIT) do |i|
    if turn # 先取卡片的一方
      cnt += check(remain - i, fw + i, !turn) if remain >= i
    else # 后取卡片的一方
      cnt += check(remain - i, fw, !turn) if remain >= i
    end
  end
  @memo[[remain, fw, turn]] = cnt
end

puts check(CARDS, 0, true)
```

代码清单30.02（q30_1.js）

```javascript
CARDS = 32;
LIMIT = 10;

var memo = {};
function check(remain, fw, turn){
  if (memo[[remain, fw, turn]]) return memo[[remain, fw, turn]];

  if (remain == 0){
    // 先取卡片一方的卡片总数超过一半即获胜
    return ((!turn) && (fw > CARDS / 2))?1:0;
  }
  var cnt = 0;
  for (var i = 1; i <= LIMIT; i++){
    if (turn){ // 先取卡片一方
      if (remain >= i) cnt += check(remain - i, fw + i, !turn);
    } else { // 后取卡片一方
      if (remain >= i) cnt += check(remain - i, fw, !turn);
    }
  }
  return memo[[remain, fw, turn]] = cnt;
}

console.log(check(CARDS, 0, true));
```

 唔，当先取卡片的一方是 ture 但剩余的卡片数量为 0 时，为什么还要进行 !turn 的确认操作呢？

 因为先取卡片的一方取了 0 张卡片，所以取卡片的顺序就切换成了后取卡片的人。

前面的代码是使用递归的方式来处理的，其实本题也可以用动态规划算法来解决（代码清单 30.03 和代码清单 30.04）。虽然处理时间没有太大变化，但是通过循环的方式来处理可以控制栈的使用量。

代码清单30.03（q30_2.rb）

```ruby
CARDS, LIMIT = 32, 10

memo = Hash.new(0)
memo[[0, 0, 0]] = 1
1.upto(CARDS) do |i|
  1.upto(i) do |j|
    1.upto([LIMIT, i].min) do |k|
      memo[[i, j, 0]] += memo[[i - k, i - j, 1]]
      memo[[i, j, 1]] += memo[[i - k, i - j, 0]]
```

```
    end
  end
end

cnt = 0
CARDS.downto(CARDS / 2 + 1) do |i|
  cnt += memo[[CARDS, i, 1]]
end
puts cnt
```

代码清单 30.04（q30_2.js）

```
CARDS = 32;
LIMIT = 10;

var memo = {};
for (var i = 0; i <= CARDS; i++){
  for (var j = 0; j <= CARDS; j++){
    memo[[i, j, 0]] = 0;
    memo[[i, j, 1]] = 0;
  }
}
memo[[0, 0, 0]] = 1;
for (var i = 1; i <= CARDS; i++){
  for (var j = 1; j <= i; j++){
    for (var k = 1; k <= Math.min(LIMIT, i); k++){
      memo[[i, j, 0]] += memo[[i - k, i - j, 1]];
      memo[[i, j, 1]] += memo[[i - k, i - j, 0]];
    }
  }
}

var cnt = 0;
for (i = CARDS; i > CARDS / 2; i--){
  if (memo[[CARDS, i, 1]] !== undefined)
    cnt += memo[[CARDS, i, 1]];
}
console.log(cnt);
```

 **答案** 607 836 582 种

Q31 | 无法排序的卡片

取 n 张写有整数 1～n 的卡片，然后将它们一字排开。从最左侧的卡片开始，如果卡片上写的数字是 i，就将该卡片和左起第 i 张卡片交换位置。重复此操作，直到最右侧的卡片交换完毕。

举个例子，当卡片按照 3、2、5、4、1 的顺序排列时，左起第 1 张卡片上的数字是 3，所以要将该卡片和左起第 3 张写有数字 5 的卡片交换位置，交换完位置后卡片的顺序变为 5、2、3、4、1。左起第 2 张卡片上的数字是 2，所以要将它和左起第 2 张卡片交换位置（实际没有发生交换）；左起第 3 张卡片上的数字是 3，所以要将它和左起第 3 张卡片交换位置（实际没有发生交换）；左起第 4 张卡片上的数字是 4，所以要将它和左起第 4 张卡片交换位置（实际没有发生交换）；左起第 5 张卡片上的数字是 1，所以要将它和左起第 1 张卡片交换位置，换完位置后卡片的顺序为 1、2、3、4、5，按升序排列（通常按照从左往右的顺序查看卡片）。

但是，有时候最右侧的卡片交换完之后，卡片也还是没有按照升序排列。这里，我们来求最终无法按照升序排列的初始组合一共有多少种。举个例子，当 n=4 时，在 24 种组合中，一共有以下 3 种组合无法按照升序排列。

- 2 3 4 1（排序结果：3 2 1 4）
- 3 4 2 1（排序结果：2 1 3 4）
- 4 3 1 2（排序结果：2 1 3 4）

问题

当 n=8 时，无法按照升序排列的初始组合一共有多少种？

当 n=8 时，虽然按照问题描述那样编写程序也可以，但我们最好思考一下如何才能提高处理速度。

Hint!

要想保证在 n 较大时也能实现高速处理，关键在于放眼全局，不要在意个别的卡片。

思路

只要生成 n 张卡片全部的排列组合，就能找到卡片所有的初始组合。针对单一数组，按照前述规则交换位置并排好序后，就能判断该数组是否要统计在内了。

只要从左往右一一查看数字并交换位置就可以了吗？

还要再确认一下排完序后数组是否为升序。

按照从左往右的顺序确定要交换的位置，将卡片放到与所写数字对应的位置上，然后重复执行上述步骤即可。由此可见，用程序不难实现数组中数字的交换。代码清单 31.01 和代码清单 31.02 就是按照问题描述中的方法进行实现的代码示例。

代码清单 31.01（q31_1.rb）

```ruby
N = 8

unsort = 0
(1..N).to_a.permutation(N) do |ary|
  N.times do |i|
    pos = ary[i] - 1
    ary[i], ary[pos] = ary[pos], ary[i]
  end
  unsort += 1 if ary != (1..N).to_a
end

puts unsort
```

代码清单 31.02（q31_1.js）

```javascript
N = 8;

// 生成数组
Array.prototype.permutation = function(n){
  var result = [];
  for (var i = 0; i < this.length; i++){
    if (n > 1){
      var remain = this.slice(0);
      remain.splice(i, 1);
      var permu = remain.permutation(n - 1);
      for (var j = 0; j < permu.length; j++){
```

```
      result.push([this[i]].concat(permu[j]));
    }
  } else {
    result.push([this[i]]);
  }
}
return result;
}

var unsort = 0;
var sorted = new Array(N);
for (var i = 0; i < N; i++){
  sorted[i] = i + 1;
}
var permu = sorted.permutation(N);
for (var i = 0; i < permu.length; i++){
  for (var j = 0; j < N; j++){
    var pos = permu[i][j] - 1;
    var temp = permu[i][j];
    permu[i][j] = permu[i][pos];
    permu[i][pos] = temp;
  }
  if (permu[i].toString() != sorted.toString()) unsort++;
}

console.log(unsort);
```

使用 JavaScript 的话，生成数组和进行排序的代码有点长，但实现的内容和 Ruby 的一样。

为了比较数组的内容，在使用 JavaScript 编写的代码中，最后的比较部分换成了字符串的形式。

如果用这种方法，生成数组比较花时间，当 $n=8$ 时就差不多到极限了。

我们来想想办法，看一下怎样才能处理更多的卡片。可以试试这样操作：在按照从左往右的顺序查看卡片时，如果第 i 张卡片的值比 i 小，就和它左边相应位置的卡片交换；如果第 i 张卡片的值比 i 大，就和它右边相应位置的卡片交换。

这时，无论第 i 张卡片上的数字是多少，它所处的位置都是正确的。不过，考虑到检索范围，分别针对比 i 大的情况和比 i 小的情况进行分析会让处理变得简单一些。

这部分内容有点抽象……

那我们来看一个具体的例子吧。

关键点

例如，6 张卡片按照 a、b、c、d、e、f 的顺序排列，我们来思考一下第 3 张卡片 c 的处理过程。当 c 小于等于 3 时，交换过程如下所示。

| c | b | a | d | e | f | （当 $c = 1$ 时）

| a | c | b | d | e | f | （当 $c = 2$ 时）

| a | b | c | d | e | f | （当 $c = 3$ 时）

这时，无论 c 等于多少，它的位置都是正确的。换句话说，只要对剩下的 a、b、d、e、f 进行排序就可以了。之后需要搜索的只有 d、e、f。

当 c 大于等于 4 时，交换过程如下所示。

| a | b | d | c | e | f | （当 $c = 4$ 时）

| a | b | e | d | c | f | （当 $c = 5$ 时）

| a | b | f | d | e | c | （当 $c = 6$ 时）

这个时候，c 的位置也是正确的。换句话说，只要对剩下的 a、b、d、e、f 进行排序即可。但是，d、e、f 中有一张卡片会跟 c 交换位置，所以搜索剩下的 2 张卡片即可。

也就是说，从交换位置的角度考虑，我们可以不断减少卡片数来进行搜索。

没错。卡片的张数和交换的位置定了以后，就可以用递归的方式进行搜索了。

我们可以写一个函数，求从第 i 张卡片开始没有按升序排列的数组有多少个。要交换的位置数如果大于卡片的总张数，则认为已经搜索至数组的末位了。这时，求剩余卡片的所有排列组合，然后减去其中有序排列的一种组合，剩下的就是要求的组合了。

具体实现如代码清单 31.03 和代码清单 31.04 所示。

代码清单31.03（q31_2.rb）

```ruby
N = 8

@memo = {}
def search(cards, pos)
  return @memo[[cards, pos]] if @memo[[cards, pos]]
  return 0 if cards == 0
  return (1..cards).to_a.inject(:*) - 1 if cards == pos - 1

  # 把要交换的卡片往左移的时候
  cnt = pos * search(cards - 1, pos)
  # 把要交换的卡片往右移的时候
  cnt += (cards - pos) * search(cards - 1, pos + 1)
  @memo[[cards, pos]] = cnt
end

puts search(N, 1)
```

代码清单31.04（q31_2.js）

```javascript
N = 8;

// 阶乘
function factorial(n){
  var result = 1;
  for (var i = 1; i <= n; i++){
    result *= i;
  }
  return result;
}

var memo = {};
function search(cards, pos){
  if (memo[[cards, pos]]) return memo[[cards, pos]];
  if (cards == 0) return 0;
  if (cards == pos - 1) return factorial(cards) - 1;

  // 把要交换的卡片往左移的时候
  var cnt = pos * search(cards - 1, pos);
  // 把要交换的卡片往右移的时候
  cnt += (cards - pos) * search(cards - 1, pos + 1);
  return memo[[cards, pos]] = cnt;
}

console.log(search(N, 1));
```

太棒了！这样一来，不管 $n=30$ 还是 $n=40$，都能瞬间求出结果。

看来关键点在于考虑卡片的张数，而不是如何处理每一张卡片。

这个例子恰好证明了，利用较小的数来总结规律并编写代码可以提高处理效率。

 答案 ➤ 28 630 种

数学 小知识

找到规律后就能发现奥秘的纸牌魔术

纸牌类魔术是有诀窍的。魔术师在变魔术时，无论表演多少次都能得到同样的结果，这一点和编程一样。

只要流程明确，剩下的按照流程执行就可以了。许多魔术会用到纸牌，我们认真思考其中的奥妙，也许会对编程有所启发。

举个例子，有个很有名的纸牌魔术叫"21 张扑克牌"。这个魔术共需 21 张牌，将这些牌分为 3 堆，让观众从中选出 1 张牌，然后收起所有的牌，重新将其分为 3 堆，如此循环 3 次。由此，魔术师就能猜中观众选的是哪张牌。

这个魔术很容易用数学方面的知识来解释，但已经足以让初次观看这个魔术的人感到惊讶了。有兴趣的读者可以研究一下它背后的数学原理。

Q32　地铁高峰期的乘车礼仪

地铁车厢的左右两侧（面向行驶方向判断左右）都有车门，到站后开启哪侧的车门会因站台设置的不同而不同，两扇门不会同时打开。

在高峰时段，我们挤上地铁后往往只能站在门边。这样一来，即便还没有到目的地，紧挨自己的车门如果开了，也只能先下再上，不然会给下车的乘客带来不便。因此，这里我们考虑有以下行为的乘客。

- 如果紧挨着自己的车门开了，就在那一站下车
- 如果对面的车门开了，就留在车上，直到身旁的车门开了再下车
- 第 1 个人在左侧车门上下车，第 2 个人在右侧车门上下车

我们只考虑在单向运营的地铁的行驶过程中，有 2 位乘客分别从不同的站上车，按上述方式行动，在不同的站下车的情况。

假设一趟地铁会行驶 4 站，在从 A 站向 D 站的方向行驶时，乘客有 6 种行动方式（ 表2.7 ）。但是，如果按照 表2.8 这样设置地铁开门的方向，乘客就无法采取上述行动了。

表2.7　地铁行驶 4 站的情况

站台设置（要开的车门）				乘客的行动路线	
A站	B站	C站	D站	第1个人	第2个人
左	左	右	右	A→B	C→D
左	右	左	右	A→C	B→D
左	右	右	左	A→D	B→C
右	左	左	右	B→C	A→D
右	左	右	左	B→D	A→C
右	右	左	左	C→D	A→B

表2.8　改变站台设置的例子

站台设置（要开的车门）			
A站	B站	C站	D站
左	左	右	右
乘客的行动路线			
第1个人		第2个人	
A→B		C→?	
B→D		C→?	

假设地铁运营线路为非环状线路，乘客不会往回坐，不会在下车后再次乘车，不会在别的车站再次乘车，也不会在上车地点下车。

问题

假设地铁总共有 14 站，那么能够让乘客按上述规则采取行动的"站台设置"和"乘客的行动路线"的组合一共有多少种？

思路

首先思考一下站台设置。地铁在每一站都会开左侧的门或者右侧的门，所以站台设置一共有 2^{14} 种方式。接着再思考一下针对不同的站台设置，乘客会采取什么样的行动。

从所有的站中除去下车的那一站，得到的就是第 1 个人可能会上车的站。假设有 A 个站会开左侧的车门，那么对第 1 个人来说，满足条件的上车的站有 $A-1$ 个。

第 2 个人也一样。假设有 B 个车站开右侧的车门，那么对第 2 个人来说，满足条件的上车的站有 $B-1$ 个。

如果按照"开右侧车门的站用 0 表示""开左侧车门的站用 1 表示"的方式来表示站台的设置，就能用二进制和数组了。

列举出所有的站台设置，思考各个站台的乘车位置。我们可以使用代码清单 32.01 和代码清单 32.02 来进行实现。

```ruby
代码清单32.01（q32_1.rb）

N = 14

cnt = 0
[0, 1].repeated_permutation(N) do |i|
  a = i.count(1)  # 开右侧车门的站台数
  b = N - a       # 开左侧车门的站台数
  if (a > 1) && (b > 1)
    cnt += (a - 1) * (b - 1)
  end
end

puts cnt
```

```javascript
代码清单32.02（q32_1.js）

N = 14;

// 统计整数中比特值为1的比特位
function bit_count(n)
{
  n = (n & 0x55555555) + (n >> 1 & 0x55555555);
  n = (n & 0x33333333) + (n >> 2 & 0x33333333);
  n = (n & 0x0f0f0f0f) + (n >> 4 & 0x0f0f0f0f);
```

```
   n = (n & 0x00ff00ff) + (n >> 8 & 0x00ff00ff);
   return (n & 0x0000ffff) + (n >>16 & 0x0000ffff);
}

var cnt = 0;
for (var i = 0; i < Math.pow(2, N) - 1; i++){
   var a = bit_count(i); // 开右侧车门的站台数
   var b = N - a;         // 开左侧车门的站台数
   if ((a > 1) && (b > 1)){
      cnt += (a - 1) * (b - 1);
   }
}
console.log(cnt);
```

Ruby 代码中出现的 repeated_permutation 是什么？

它是重复排序数组，用于生成由 0 和 1 组成的数组。JavaScript 中则使用整数来统计比特序列中 1 的个数。

有很多方法可以用来统计整数中比特值为 1 的比特位，虽然 JavaScript 的这种实现方法已成惯例，但也要知道还有 Ruby 代码那样的方法。

虽然上面的方法可以求解，但是随着车站数增加，搜索量也会大幅增长。在有 24 个车站的情况下要执行 2^{24} 次循环处理，处理时间较长。

我们再试着进一步优化。依次调查开左侧车门的车站，针对每一种情况思考车站设置和乘客的行动路线。假设一共有 n 个车站，有 r 个车站开左侧车门，那么此时的组合个数可以用下面的式子表示。

$$C_n^r \times (r-1) \times (n-r-1)$$

换句话说，开左侧车门就是指"从 n 个车站中取 r 个车站的组合数"，可以从左侧车门乘车的车站有 $r-1$ 个，可以从右侧车门乘车的车站有 $n-r-1$ 个。可以把它们依次相加，程序如代码清单 32.03 和代码清单 32.04 所示（这里使用了序章中有关组合的编程方法）。

代码清单 32.03（q32_2.rb）

```
N = 14

# 求从n个车站中取r个车站的组合数
```

```
@memo = {}
def nCr(n, r)
  return @memo[[n, r]] if @memo[[n, r]]
  return 1 if (r == 0) || (r == n)
  @memo[[n, r]] = nCr(n - 1, r - 1) + nCr(n - 1, r)
end

cnt = 0
2.upto(N - 2) do |i|
  cnt += nCr(N, i) * (N - i - 1) * (i - 1)
end

puts cnt
```

代码清单 32.04（q32_2.js）

```
N = 14;

// 求从n个车站中取r个车站的组合数
var memo = {};
function nCr(n, r){
  if (memo[[n, r]]) return memo[[n, r]];
  if ((r == 0) || (r == n)) return 1;
  return memo[[n, r]] = nCr(n - 1, r - 1) + nCr(n - 1, r);
}

var cnt = 0;
for (var i = 2; i < N - 1; i++){
  cnt += nCr(N, i) * (N - i - 1) * (i - 1);
}

console.log(cnt);
```

太棒了！即使有 50 个车站也能瞬间处理完。

 答案 532 506 种

Q33 白色情人节的回礼

Q33 | IQ 90 | 目标时间：20分钟 | **白色情人节的回礼**

在日本，情人节时收到礼物的男性[①]要在白色情人节那天回礼，因为不知道收到的礼物的金额，所以会根据收到的礼物的个数来回礼。

- 当收到义务巧克力时，回礼个数和收到个数一样
- 当收到义理巧克力时，回礼个数是收到个数的 2 倍
- 当收到本命巧克力时，回礼个数是收到个数的 3 倍

* 假设男性在收到巧克力时就已经知道是义务巧克力、义理巧克力，还是本命巧克力了。

假设某人在情人节那天一共收到了 m 个礼物，而用于回礼的礼物数量是 n 个，那么在收到的礼物中，义务巧克力的个数、义理巧克力的个数和本命巧克力的个数有多少种组合方式呢？

例如，当 $m=5$、$n=10$ 时，如 表2.9 所示，一共有 3 种组合方式。

表2.9　当 $m=5$、$n=10$ 时的情况

组合方式	义务巧克力	义理巧克力	本命巧克力
(1)	0个	5个	0个
(2)	1个	3个	1个
(3)	2个	1个	2个

问题

当 $m=543\,210$、$n=987\,654$ 时，义务巧克力、义理巧克力和本命巧克力的个数一共有多少种组合方式？

如果想让处理时间在个数增加时也不增加，那么用数学的方式思考尤为重要。

---

① 在日本，2 月 14 日女生会送巧克力给男性朋友。送出的巧克力可分 3 种：一种是送给男性同事、领导的巧克力，叫义务巧克力；一种是送给普通男性朋友的巧克力，叫义理巧克力；还有一种是送给喜欢的人的巧克力，叫本命巧克力。——译者注

思路

义务巧克力的个数和义理巧克力的个数确定之后，本命巧克力的个数也就定了。因此，用双重循环的方式就能实现义务巧克力的个数和义理巧克力的个数从 1 开始依次递增的处理（代码清单 33.01 和代码清单 33.02）。

刚刚还觉得挺简单，写完下面的程序后才发现处理时间有点长……

如果 m 和 n 的值较小，倒也没什么问题，但如果像本题这样，m 和 n 的值较大的话，就需要再琢磨琢磨了。

代码清单33.01（q33_1.rb）

```
M, N = 543210, 987654

cnt = 0
0.upto(M) do |i|
  0.upto(M) do |j|
    cnt += 1 if i + j * 2 + (M - i - j) * 3 == N
  end
end
puts cnt
```

代码清单33.02（q33_1.js）

```
M = 543210;
N = 987654;

var cnt = 0;
for (var i = 0; i <= M; i++){
  for (var j = 0; j <= M; j++){
    if (i + j * 2 + (M - i - j) * 3 == N) cnt++;
  }
}
console.log(cnt);
```

这里，我们试着用数学的方式进行思考。如果义务巧克力有 x 个，义理巧克力有 y 个，本命巧克力就有 $m-(x+y)$ 个。也就是说，以下式子成立。

$$x + 2y + 3(m - x - y = n)$$

对上面的式子进行整理可得到以下式子。

$$y = -2x + 3m - n \quad \cdots(1)$$

因为该式子满足 $x \geq 0$、$y \geq 0$ 和 $m-(x+y) \geq 0$，所以转换成坐标图后，就变成在 图2.16 的阴影部分中，求直线 (1) 上 x 为整数的点的个数。

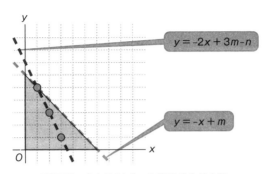

图2.16　求直线 (1) 上 x 为整数的点的个数

这里，求两条直线的交点（假设为 A 点），即解下面的式子，可得到 x 坐标为 $2m-n$，y 坐标为 $-m+n$。

$$-2x+3m-n = -x+m$$

而且，考虑到交点 A 和图中阴影部分的关系，不难发现等式会根据交点 A 的 x 坐标是小于 0 还是大于等于 0 而变化。

原来如此，是要找到 $y=-2x+3m-n$ 和 $y=-x+m$ 在哪里相交呀。不用考虑在 $x > m$ 时相交，即在 $y < 0$ 时相交的情况，对吗？

是的，也就是不用考虑 $m > n$ 时的情况。根据题意，这种情况可以不用考虑。

关键点

　　如果两条直线在 $x < 0$ 时相交，则阴影内部的点的个数可以通过 "直线 (1) 和 x 轴相交的坐标" 求出来。如果两条直线在 $x \geq 0$ 时相交，则阴影内部的点的个数可以通过从 "直线 (1) 和 x 轴相交的坐标" 中减去 "交点 A 的 x 坐标" 求出来（ 图2.17 ）。

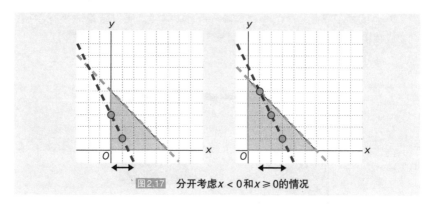

图2.17　分开考虑$x < 0$和$x \geqslant 0$的情况

　　按照前面的思路实现，则程序如代码清单33.03和代码清单33.04所示。

代码清单33.03（q33_2.rb）

```
M, N = 543210, 987654

x = 2 * M - N
if x > 0
  puts (3 * M - N) / 2 - x + 1
else
  puts (3 * M - N) / 2 + 1
end
```

代码清单33.04（q33_2.js）

```
M = 543210;
N = 987654;

var x = 2 * M - N;
if (x > 0)
  console.log(Math.floor((3 * M - N) / 2) - x + 1);
else
  console.log(Math.floor((3 * M - N) / 2) + 1);
```

瞬间就求出来了！

通过运用数学知识，我们可以轻松地编写出程序，还能大幅提升处理效率。

 答案　222 223 种

Q34　左右交替移动

12 个格子一字排开，前 11 个格子中依次填入 1～11 中任意的数，最右边的格子中填入 0。按照这些格子中填入的数值，左右交替地移动相应个格子。

思考一下如何设置数值的组合，才能实现从最左边的格子开始向右移动格子，最终顺利到达最右边的格子。由于最右边的格子中的数值为 0，所以到达最右边的格子即结束处理。

当然，因为不能从最左边的格子往左或者从最右边的格子往右移动格子，所以不考虑那样的数值组合。例如，在一排有 6 个格子的情况下，如果像 图2.18 中左图那样在前 5 个格子中分别随机填入 1～5，那么需要按照箭头指示的方向去移动格子。

在最终能移动到最右边的数值组合中，所有数正好移动 1 次的组合有多少种？例如有 6 个格子的情况，一共有 5 种，除 图2.18 中左图的数值组合外，还有如右图所示的 4 种组合。

当 $n=6$ 时满足条件的数组

图2.18　有6个格子时的数值组合

问题

假设一排有 12 个格子，那么满足所有数只移动 1 次的数值组合有多少种？

思路

因为是先往右移再按照左右交替的方式移动，所以如果格子数为奇数，那么最后就不可能移动到最右边。本题中的格子数是 12 个，应该存在满足条件的数组。

如果格子中填了数，就很容易判断是否所有格子中都是移动过一次的数。

可以在移动的过程中不断填数吗？

也就是填入数后，移动相应步数，对吧？可以试着实现一下。

可以先把所有格子初始化为 0，然后依次填入设想的数，以这种方式编写代码。由于没有填写数的格子会越来越少，所以查找范围也会越来越小。

例如，可以用代码清单 34.01 和代码清单 34.02 来实现。

代码清单 34.01（q34_1.rb）

```
N = 12

def search(cell, pos, dir)
  # 到达最右端时，只剩最右端格子中的数为0才表示成功
  return cell.count(0) == 1?1:0 if pos == N - 1

  cnt = 0
  1.upto(N - 2) do |i| # 从1开始依次设置单元格
    if (pos + dir * i >= 0) && (pos + dir * i < N)
      # 如果要移动到的地方在范围内，则进行尝试
      if cell[pos + dir * i] == 0
        cell[pos] = i
        cnt += search(cell, pos + dir * i, -dir)
        cell[pos] = 0
      end
    end
  end
  cnt
end

puts search([0] * N, 0, 1)
```

代码清单34.02（q34_1.js）

```
N = 12

function search(cell, pos, dir){
    // 到达最右端时，只剩最右端格子中的数为0才表示成功
    if (pos == N - 1){
        for (var i = 0; i < N - 1; i++){
            if (cell[i] == 0) return 0;
        }
        return 1;
    }

    var cnt = 0;
    for (var i = 1; i < N - 1; i++){
        // 从1开始依次设置单元格
        if ((pos + dir * i >= 0) && (pos + dir * i < N)){
            // 如果要移动到的地方在范围内，则进行尝试
            if (cell[pos + dir * i] == 0){
                cell[pos] = i;
                cnt += search(cell, pos + dir * i, -dir);
                cell[pos] = 0;
            }
        }
    }
    return cnt;
}

var cell = [];
for (var i = 0; i < N; i++) cell[i] = 0;

console.log(search(cell, 0, 1));
```

虽然本题的答案不到1秒就能求出来，但是随着格子数的增加，处理时间会陡增。

因为是左右交替移动，所以如果知道当前位置的左右两边有多少数没被用过，是不是能提高处理效率呢？

　　每次移动都确认一下前进方向的左右两边是否还有还没用过的数，如果结果都为0，则结束处理。如果中途出现前进方向上要移动到的那个格子中的数为0，也结束处理。这部分内容可以像代码清单34.03和代码清单34.04这样用递归处理和内存化来实现。

代码清单34.03（q34_2.rb）

```ruby
N = 12

@memo = {[0, 0] => 1}
def search(bw, fw)
  return @memo[[bw, fw]] if @memo[[bw, fw]]
  return 0 if fw == 0
  cnt = 0
  1.upto(fw) do |i|
    cnt += search(fw - i, bw + i - 1)
  end
  @memo[[bw, fw]] = cnt
end

if N.even?
  puts search(0, N - 2)
else
  puts "0"
end
```

代码清单34.04（q34_2.js）

```javascript
N = 12;

var memo = {[[0, 0]]: 1};
function search(bw, fw){
  if (memo[[bw, fw]]) return memo[[bw, fw]];
  if (fw == 0) return 0;
  var cnt = 0;
  for (var i = 1; i <= fw; i++){
    cnt += search(fw - i, bw + i - 1);
  }
  return memo[[bw, fw]] = cnt;
}

if (N % 2 == 0){
  console.log(search(0, N - 2));
} else {
  console.log("0");
}
```

这样一来，即便有 20 个格子或者 30 个格子，也能瞬间求出答案。看到问题后要注意到它的特征，这一点很重要。

 答案 50 521 个

Q35

IQ 90 **目标时间：20分钟**

智慧型组织者的收钱妙招

在为开欢迎会或者欢送会筹钱时，组织者的一大烦恼是准备零钱。参加者准备的钱数正好，当然是最好的了，但往往事与愿违。

为避免无法找零的情况，我们可以在收钱的顺序上下一些功夫。例如，在每个人交 4000 日元的情况下，如果有 1 个人交了 4 张 1000 日元的纸币，那么之后即便有 4 个人交的是 5000 日元的纸币，都足以找零。

这里假设每个人要交 3000 日元，有 m 个人交的是 3 张 1000 日元的纸币，有 n 个人交的是 1 张 5000 日元的纸币，那么一共有多少种收钱顺序可以避免出现无法找零的情况（本题中不考虑是谁交的钱，只考虑收钱的顺序）？

例如，当 $m=3$、$n=2$ 时，收钱顺序有以下 5 种。

(1) 1000 日元→1000 日元→1000 日元→5000 日元→5000 日元
(2) 1000 日元→1000 日元→5000 日元→1000 日元→5000 日元
(3) 1000 日元→1000 日元→5000 日元→5000 日元→1000 日元
(4) 1000 日元→5000 日元→1000 日元→1000 日元→5000 日元
(5) 1000 日元→5000 日元→1000 日元→5000 日元→1000 日元

问题

当有 32 个人参加聚会时，在使用 1000 日元纸币和 5000 日元纸币的人数组合中，一共有多少种收钱顺序可以避免出现无法找零的情况？

从组织者的角度来看，只要知道手上有多少张 1000 日元的纸币就好了。

Hint!

手上有足够多的 1000 日元纸币，才能给那些交 5000 日元纸币的人找零。

如果用递归的方式实现，程序就可以很简洁。

假设有 5 个人参加聚会, 交 1000 日元和交 5000 日元的人数的组合, 以及在避免出现无法找零的前提下收钱顺序的组合数, 如 表 2.10 所示。

表 2.10　在有 5 个人参加的情况下

1000 日元	5000 日元	组合数
0 人	5 人	0 种
1 人	4 人	0 种
2 人	3 人	2 种
3 人	2 人	5 种
4 人	1 人	4 种
5 人	0 人	1 种
合计		12 种

组织者手上 1000 日元的张数变化取决于参加者交的是 1000 日元还是 5000 日元。这里, 我们把交 1000 日元的人数、交 5000 日元的人数以及剩余的 1000 日元的张数作为参数来处理。

假设有 m 人交的是 1000 日元, 有 n 人交的是 5000 日元, 则可以使用代码清单 35.01 和代码清单 35.02 中这种递归的方式实现。

代码清单 35.01 (q35_1.rb)

```ruby
N = 32

@memo = {}
def check(m, n, remain)
  return @memo[[m, n, remain]] if @memo[[m, n, remain]]
  # 所有人的钱都收齐了就结束
  return 1 if (m == 0) && (n == 0)

  cnt = 0
  # 收 1000 日元
  cnt += check(m - 1, n, remain + 3) if m > 0
  if n > 0
    # 收 5000 日元
    cnt += check(m, n - 1, remain - 2) if remain >= 2
  end
  @memo[[m, n, remain]] = cnt
end

cnt = 0
0.upto(N) do |i|
  cnt += check(i, N - i, 0)
```

```
end
puts cnt
```

代码清单35.02（q35_1.js）

```
N = 32;

memo = {};
function check(m, n, remain){
  if (memo[[m, n, remain]]) return memo[[m, n, remain]];
  // 所有人的钱都收齐了就结束
  if ((m == 0) && (n == 0)) return 1;

  var cnt = 0;
  // 收1000日元
  if (m > 0) cnt += check(m - 1, n, remain + 3);
  if (n > 0){
    // 收5000日元
    if (remain >= 2) cnt += check(m, n - 1, remain - 2);
  }
  return memo[[m, n, remain]] = cnt;
}

var cnt = 0;
for (var i = 0; i <= N; i++){
  cnt += check(i, N - i, 0);
}
console.log(cnt);
```

不管交 1000 日元还是交 5000 日元，只要还有没交钱的，就能通过增减剩余的 1000 日元的数量来求解。

交 1000 日元的人数定了之后，交 5000 日元的人数也就定了，总感觉没必要用 2 个参数来实现……

是的，可以考虑用 1000 日元的张数和剩余没交钱的参加者人数来求解。

　　如果 1000 日元纸币的数量充足，就可以接受 5000 日元的纸币，如果不够找零了就只接受 1000 日元纸币。顺着这个思路实现，则程序如代码清单 35.03 和代码清单 35.04 所示。

代码清单 35.03 (q35_2.rb)

```ruby
N = 32

@memo = {}
def check(bill, remain)
  return @memo[[bill, remain]] if @memo[[bill, remain]]
  return 1 if remain == 0
  cnt = check(bill + 3, remain - 1)
  if bill >= 2
    cnt += check(bill - 2, remain - 1)
  end
  @memo[[bill, remain]] = cnt
end

puts check(0, N)
```

代码清单 35.04 (q35_2.js)

```javascript
N = 32;

memo = {};
function check(bill, remain){
  if (memo[[bill, remain]]) return memo[[bill, remain]];
  if (remain == 0) return 1;
  var cnt = check(bill + 3, remain - 1);
  if (bill >= 2){
    cnt += check(bill - 2, remain - 1);
  }
  return memo[[bill, remain]] = cnt;
}

console.log(check(0, N));
```

bill 表示 1000 日元的张数，remain 表示剩余没交钱的参加者人数。程序简单多了。

如果有 2 张 1000 日元，就能找零了。

使用少量内存就能搞定，进一步减轻了计算机的负荷。

答案 1 143 455 572 种

Q36

上下左右颠倒数字

如 图2.19 所示，有一种使用了七段数码管的数显设备。这类数显设备上的数字上下左右颠倒后也可以显示数字，例如将 0625 颠倒后就显示为 5290。

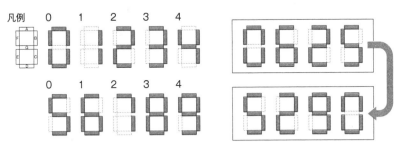

图2.19 七段数码管和将数字上下左右颠倒后的示例

数字颠倒前后的对应关系如下所示。

$$0 \longleftrightarrow 0 \qquad 1 \longleftrightarrow 1 \qquad 2 \longleftrightarrow 2$$

$$5 \longleftrightarrow 5 \qquad 6 \longleftrightarrow 9 \qquad 8 \longleftrightarrow 8$$

*虽然 1 颠倒之后显示的位置变了，但是我们仍把它看作 1。

问题

假设有一种能够显示 12 位数的数显设备，那么上下左右颠倒后显示的数比原来大的数一共有多少个？

Hint!

以 2 位数为例，共有以下 21 个。
01、02、05、06、08、09、12、15、16、18、19、25、26、28、29、56、58、59、66、68、86

思路

上下左右颠倒后还是数字的数字有 0、1、2、5、6、8 和 9。我们要从用这些数字构成的数中，搜索颠倒以后的数比原来大的数。

首先，在数字串的最右边添加上述 7 个数字中的 1 个。添加的那个数如果和最左边的数颠倒之后所形成的数相同，则位于中间的数在颠倒之后所形成的数就必须比原来的大才行（图 2.20）。

图 2.20　如果最右边添加的数和最左边的数颠倒之后形成的数相同，则考虑中间的数

因为左右两端的数颠倒后也没发生什么变化，所以中间部分的数在颠倒之后要变大，是这样吗？

也就是说，在有 n 个数字的情况下只要确认 $n-2$ 个数字就可以了。

是的，如果中间只需要添加 1 个数字，就只有 6 → 9 这种可能了。

另外，如果要在最右边添加的数比最左边的数颠倒之后显示的数小，就不能在最右边添加数了。当然，如果要添加的数在颠倒之后值变大，那么去掉左右两端后的数可以由上面 7 个数字任意组合而成。下面是可以添加在最右边的数字。

- 当最左边的数颠倒之后显示为 0 时 → 1、2、5、6、8、9
- 当最左边的数颠倒之后显示为 1 时 → 2、5、6、8、9
  ……
- 当最左边的数颠倒之后显示为 8 时 → 9
- 当最左边的数颠倒之后显示为 9 时 → 无

上面的每一种情况都可以用递归的方式处理。我们可以像代码清单 36.01 和代码清单 36.02 这样，把各种情况加起来求解。

代码清单36.01（q36_1.rb）

```ruby
N = 12

@memo = {0 => 0, 1 => 1}
def check(n)
  return @memo[n] if @memo[n]

  cnt = 0
  7.times do |i|
    cnt += check(n - 2) + i * (7 ** (n - 2))
  end
  @memo[n] = cnt
end

puts check(N)
```

代码清单36.02（q36_1.js）

```javascript
N = 12;

var memo = {0: 0, 1: 1};
function check(n){
  if (memo[n] != undefined) return memo[n];

  var cnt = 0;
  for (var i = 0; i < 7; i++)
    cnt += check(n - 2) + i * Math.pow(7, n - 2);
  return memo[n] = cnt;
}

console.log(check(N));
```

循环处理中加法算式的左边是"两端相同"的情形，右边是其他情形。

只要设好初始值就能以1个简单的程序实现。

虽然这样处理就足够了，但是我们还可以再深入思考一下。你们难道不觉得循环处理有点多余吗？

在重复进行相似的处理时，如果单纯用式子来表示，有时可以去掉循环。例如，在示例中，设 check(n-2) 的部分为 A，7^{n-2} 的部分为 B，则式子可写为如下形式。

$$(A+0\times B)+(A+1\times B)+(A+2\times B)+\cdots+(A+6\times B)$$

把式子简化之后可得到 $7A+7\times 3B$，由于 B 表示 7^{n-2}，所以程序如代码清单 36.03 和代码清单 36.04 所示。

代码清单 36.03（q36_2.rb）

```
N = 12

def check(n)
  return n if n <= 1
  7 * check(n - 2) + 3 * (7 ** (n - 1))
end

puts check(N)
```

代码清单 36.04（q36_2.js）

```
N = 12;

function check(n){
  if (n <= 1) return n;
  return 7 * check(n - 2) + 3 * Math.pow(7, n - 1);
}

console.log(check(N));
```

只调用一次函数即可，所以也不需要内存化处理了。

看来写循环处理的时候，还是要多加注意啊。

对计算机而言，即便是循环处理也会盲目地执行，看来还是尽量精简没必要的处理才好啊。

 答案 6 920 584 776 种

Q37

IQ 100　　**目标时间：20分钟**

巧开机械密码锁

最近，人们的个人信息保护意识越来越强，很多人会在家门口的信箱上加一把机械密码锁。机械密码锁的使用方法是，在开锁的时候，左右交替转动拨盘，根据设定好的密码来开锁。

本题假设锁盘的初始位置为 0，一开始需要往左转（开锁密码的第 1 个数字不能是 0，密码中也不能连续出现相同的数字）。

例如，当密码为 528 时，要先往左转到 5，再往右转到 2，再往左转到 8。我们来想一想此时一共要转动多少次？答案如 图 2.21 所示，一共要转动 5+3+6=14 次。

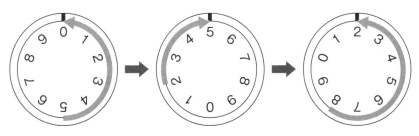

图 2.21　密码为 528 时的情况

假设某人在打开信箱时记得密码的位数和转动的次数，但忘了密码是什么（世界之大，无奇不有嘛）。本题就是要通过密码的位数和转动的次数来推测密码是什么。

问题

假设密码是 10 位数，要转动 50 次，那么这样的密码一共可能有多少个呢？

如果密码为 3 位数，要转动 6 次，那么满足条件的密码一共有 10 种（104、178、180、192、202、214、290、312、324 和 434）。

在转动锁盘时，由于不能连续出现相同的数，所以每次不是往左转就是往右转。另外，转 1 圈就一定能转到想要的那个数字，所以不可能一下转好几圈。因此，每回转动的次数在 1 和 9 之间。

接下来，我们思考一下在这个范围内转动锁盘的顺序。每转 1 次之后就要反向转动。这个时候，密码位数要减 1 位，剩余转动次数也要相应减少。反复执行该操作，直到密码位数都用完，转动过的次数也为 0，就能求出密码了。

只需将转动的方向反过来，在处理内容方面，不管是向左转还是向右转都一样。

只要在密码位数用完的时候，转动过的次数正好为 0，就好了。

没错。处理是一样的，只是变了一下参数，这样的处理可以用递归的方式实现。

用递归的方式处理，从 0 的位置开始往左转，转动次数在 1 和 9 之间。密码位数没用完但转动的次数用完的情况不统计在内，只统计二者都为 0 的情况。考虑到有相同的情况，我们可以用内存化的方式实现程序（代码清单 37.01 和代码清单 37.02）。

代码清单37.01（q37_1.rb）

```
M, N = 10, 50

@memo = {}
def search(m, n, pos, turn)
  return @memo[[m, n, pos, turn]] if @memo[[m, n, pos, turn]]
  return 0 if n < 0
  return (n == 0)?1:0 if m == 0
  cnt = 0
  1.upto(9) do |i|
    # 按照转动的次数转动完后，调转方向
    cnt += search(m - 1, n - i, pos + ((turn)?i:-i), !turn)
  end
  @memo[[m, n, pos, turn]] = cnt
end

puts search(M, N, 0, true)
```

代码清单37.02（q37_1.js）

```javascript
M = 10;
N = 50;

memo = {};
function search(m, n, pos, turn){
  if (memo[[m, n, pos, turn]]) return memo[[m, n, pos, turn]];
  if (n < 0) return 0;
  if (m == 0) return (n == 0)?1:0;
  var cnt = 0;
  for (var i = 1; i <= 9; i++){
    // 按照转动的次数转动完后，调转方向
    cnt += search(m - 1, n - i, pos + ((turn)?i:-i), !turn);
  }
  return memo[[m, n, pos, turn]] = cnt;
}

console.log(search(M, N, 0, true));
```

 感觉和前面提到的递归处理是一样的。大体上已经熟悉了，感觉我也可以自己试着实现一下了。

 大家再好好看一看代码，有没有发现什么问题？

 代码中虽然设计了从当前位置开始转动，但好像没用上……

关键点

　　虽然代码中有调转方向、从当前位置开始转动的处理，但是这部分处理完全没用上。实际上，只要知道密码的位数和转动的次数就能求解。

　　换句话说，使用代码清单37.03和代码清单37.04中的代码就足够了。

代码清单37.03（q37_2.rb）

```ruby
M, N = 10, 50

@memo = {}
def search(m, n)
  return @memo[[m, n]] if @memo[[m, n]]
```

```
  return 0 if n < 0
  return (n == 0)?1:0 if m == 0
  cnt = 0
  1.upto(9) do |i|
    cnt += search(m - 1, n - i)
  end
  @memo[[m, n]] = cnt
end

puts search(M, N)
```

代码清单37.04（q37_2.js）

```
M = 10;
N = 50;

memo = {};
function search(m, n){
  if (memo[[m, n]]) return memo[[m, n]];
  if (n < 0) return 0;
  if (m == 0) return (n == 0)?1:0;
  var cnt = 0;
  for (var i = 1; i <= 9; i++){
    cnt += search(m - 1, n - i);
  }
  return memo[[m, n]] = cnt;
}

console.log(search(M, N));
```

 啊？这点代码就够了吗？看来还是不能直接照着问题描述写代码，得多加思考才行呀。

 虽然对这个量级的数据而言，处理速度没有发生明显的变化，但是考虑到内存化处理过程中需要占用的内存等，优化后的示例代码明显更优。

 答案 167 729 959 种

Q38 全员大换位

IQ 100　**目标时间：20分钟**

学校里调换座位的时候，大家抱怨最多的一种情况是座位和之前的一样。原本想着终于可以换个环境了，没想到只有周围的人换了座位，自己的座位却没有换，实在让人高兴不起来。

这里，我们规定调换座位后，所有人的新座位都不能和之前的座位在同一行和同一列。例如，有 6 个座位，如果横排有 2 个座位，竖排有 3 个座位，那么如 图 2.22 所示，共有 4 种排法。

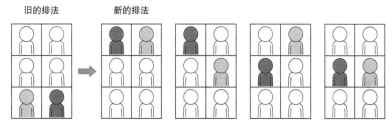

旧的排法　　**新的排法**

图 2.22　横排和竖排分别有 2 个和 3 个座位的情况

问题

假设有 16 个座位，横排有 4 个，竖排也有 4 个，那么满足上述条件的排法一共有多少种？

换座位之前每个人的座位都是定好的，在排座位的时候，只要每个人的座位和之前各自的座位不在同一行和同一列就可以了。

Hint!

不需要知道新的座位具体是怎么排的，只要知道一共有多少种排法就可以了，这一点很关键。可以试着在数据结构方面下功夫。

思路

从左上角的座位开始，依次安排与之前的座位不在同一行同一列的人入座，通过这种方式似乎可以求出答案。但是，随着座位数的增加，符合条件的人也在增多，不难想象，查询时间会变长。

首先，我们来思考一下应该用什么样的数据结构。例如，座位用一维数组表示，对换座前各个座位上的人从 0 开始依次编号。在如前所述"横排有 2 个座位，竖排有 3 个座位"的情况下，就可以用 [0, 1, 2, 3, 4, 5] 来表示座位上的人。

如何判断在哪一行哪一列呢？

通过编号除以横排的座位数后得到的商和余数来进行判断吗？

没错。以编号为 5 的人为例，5÷2=2…1，所以结果是第 2 排第 1 列。因为起始行和起始列都为 0，所以实际上这个人坐在第 3 行第 2 列。

在思考新的座位安排之前，一开始要把数组预设为没有分配的状态。在此基础上，行和列都按照调换座位前的座位安排，从左上角开始依次保存人员编号。

例如前面例子中新的排法中第 1 种情况，可以用 [5, 4, 1, 0, 3, 2] 表示。这部分逻辑如果用递归的方式实现，则具体如代码清单 38.01 和代码清单 38.02 所示。

代码清单 38.01（q38_1.rb）

```
W, H = 4, 4

def search(n, seat)
  return 1 if n < 0
  cnt = 0
  (W * H).times do |i|
    if (i / W != n / W) && (i % W != n % W)
      if seat[i] == 0
        seat[i] = n
        cnt += search(n - 1, seat)
        seat[i] = 0
      end
    end
  end
end
```

```
      cnt
end

puts search(W * H - 1, [0] * (W * H))
```

代码清单 38.02（q38_1.js）

```
W = 4;
H = 4;

function search(n, seat){
  if (n < 0) return 1;
  var cnt = 0;
  for (var i = 0; i < W * H; i++){
    if ((Math.floor(i / W) != Math.floor(n / W)) &&
        (i % W != n % W)){
      if (seat[i] == 0){
        seat[i] = n;
        cnt += search(n - 1, seat);
        seat[i] = 0;
      }
    }
  }
  return cnt;
}

var seat = new Array(W * H);
for (var i = 0; i < W * H; i++) seat[i] = 0;
console.log(search(W * H - 1, seat));
```

如果是横排 3 个座位、竖排 4 个座位的话还能求解，但如果是横排 4 个座位、竖排 4 个座位的话，处理时间就会陡增。

没有相同的组合，所以内存化好像起不到什么作用。

本题和谁坐哪个座位没有关系，所以我们可以试试在数据结构上下功夫。

　　只要知道座位是否已分配即可，所以下面将用比特序列代替数组表示座位的分配情况。如果把已分配的座位设置为比特值等于 1，那么由于相同座位会多次出现已分配的情况，所以我们可以通过内存化的方式提高处理速度（代码清单 38.03 和代码清单 38.04）。

代码清单38.03（q38_2.rb）

```ruby
W, H = 4, 4

@memo = {}
def search(n, seat)
  return @memo[[n, seat]] if @memo[[n, seat]]
  return 1 if n < 0
  cnt = 0
  (W * H).times do |i|
    if (i / W != n / W) && (i % W != n % W)
      if (seat & (1 << i)) == 0
        cnt += search(n - 1, seat | (1 << i))
      end
    end
  end
  @memo[[n, seat]] = cnt
end

puts search(W * H - 1, 0)
```

代码清单38.04（q38_2.js）

```javascript
W = 4;
H = 4;

var memo = {};
function search(n, seat){
  if (memo[n, seat]) return memo[n, seat];
  if (n < 0) return 1;
  var cnt = 0;
  for (var i = 0; i < W * H; i++){
    if ((Math.floor(i / W) != Math.floor(n / W)) &&
        (i % W != n % W)){
      if ((seat & (1 << i)) == 0){
        cnt += search(n - 1, seat | (1 << i))
      }
    }
  }
  return memo[n, seat] = cnt;
}

console.log(search(W * H - 1, 0));
```

 答案　3 089 972 673 种

第3章

中级篇
★★★

利用数学思维
实现高速处理

由小及大地找寻规律

在思考解题思路的时候，有时不能一开始就着急用程序实现。可以试着先通过问题中给出的例子，用较少的数据量分析解题思路。

数据量较大的情况对计算机的运算能力有要求，但如果数据量较少，很多时候我们通过笔算就能求出答案。只要在手边准备好草稿纸和笔即可。

笔者在出题的时候也会事先准备好草稿纸和笔。事实上，在解决一些小问题时，与其用计算机还不如直接手写，这样可以保证思考的连续性。

以较少的数据思考问题可以发现问题的规律和特征，有时甚至能发现隐藏在问题背后的真相。

如果没有发现规律和特征，可以扩大一点范围后再进行尝试。在不断举例尝试的过程中，应该就会产生一种"好像在反复做同一件事情"的感觉。

这样一来，即便很难直接解出原题，也可以通过用少量数据进行尝试来发现规律，从而轻松求出答案。

另外，本书中的问题都是要求读者针对特定数字来求出答案的，但在解答谜题时，我们要想办法在给出其他数字的情况下也能求出答案，这一点很重要。在编写程序时也要注意这一点。

除了解出书中的谜题，对各位读者来说更重要的是发现其中的规律，想出具有通用性的算法，并将其运用到实际工作中。

Q39 同色相邻即消除

有一种游戏叫消消乐，如果同色相邻即消除。在本题中，我们思考一下同色不相邻的组合。

假设 $2n$ 个格子排成一排，用 n 种颜色两个两个地给格子涂颜色。这时候，相邻的格子不能为同色。思考一下这样的涂法一共有多少种。

例如，当 $n=3$ 时，如 图3.1 所示，3 种颜色一共有 5 种涂法。

* 本题中不细分用哪种颜色，只考虑在组合中哪里出现了同色。

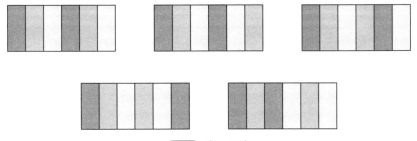

图3.1　当 $n=3$ 时

问题

当 $n=11$ 时，一共有多少种涂法？

一旦颜色的种类增加，排列组合的个数也会大幅增加。本题中有 11 种颜色，所以答案会超出 32 位能处理的范围。在写代码的时候要注意整型的范围。

思路

首先，试着直接根据题意来编写代码。按照从左往右的顺序给格子填充颜色，相邻的格子使用不同的颜色，填充完最后 1 个格子后结束处理。由于每种颜色最多用 2 次，所以要想知道每种颜色到底使用了几次，就需要记录颜色的使用次数。

思考前面问题描述中 $n=3$ 的例子。左起 2 个格子的颜色是自动决定的，然后判断第 3 个格子是要使用没用过的颜色，还是使用已经用过 1 次的颜色。

 不能只记录相邻的颜色吗？

 嗯……用什么样的数据结构合适呢？

 先试着给"没用过的颜色""用过 1 次的颜色""相邻格子的颜色"这几个变量传递参数吧。

如上所述，编写一个用变量传参来表示颜色的函数，然后像代码清单 39.01 那样用递归的方式实现。下面的代码为了提升处理速度进行了内存化处理。

代码清单 39.01（q39_1.rb）

```
N = 11

# unused：没用过的颜色数
# onetime：用过1次的颜色
# neighbor：相邻格子的颜色
@memo = {[0, 0, 0] => 1}
def pair(unused, onetime, neighbor)
  if @memo[[unused, onetime, neighbor]]
    # 如果已经搜索完毕，则复用搜索结果
    return @memo[[unused, onetime, neighbor]]
  end
  cnt = 0
  if unused > 0    # 如果还有没用过的颜色
    cnt += pair(unused - 1, onetime + neighbor, 1)
  end
  if onetime > 0   # 如果有的颜色只被用过1次
    cnt += onetime * pair(unused, onetime - 1 + neighbor, 0)
  end
```

```
  @memo[[unused, onetime, neighbor]] = cnt
end

puts pair(N, 0, 0)
```

代码清单 39.02（q39_1.js）

```
N = 11;

var memo = {};
memo[[0, 0, 0]] = 1;
function pair(unused, onetime, neighbor){
  if (memo[[unused, onetime, neighbor]])
    return memo[[unused, onetime, neighbor]];
  var cnt = 0;
  if (unused > 0)
    cnt += pair(unused - 1, onetime + neighbor, 1);
  if (onetime > 0)
    cnt += onetime * pair(unused, onetime - 1 + neighbor, 0);
  return memo[[unused, onetime, neighbor]] = cnt;
}

console.log(pair(N, 0, 0));
```

复用搜索完的结果能提高处理速度。

即使 $n=50$ 也能瞬间求解！

可以用数学的方式求解吗？

假设用 n 种颜色涂 $2n$ 个格子的方法一共有 pair(n) 种。这时，我们也可以将其看作在 $2(n-1)$ 个格子的基础上新增了 2 个格子。这样一来，在使用 $n-1$ 种颜色的情况下共有 pair($n-1$) 种涂色方法。似乎可以用这种递推的方法来表示 pair(n)。

假设在默认添加的 2 个格子中，有 1 个必须添加在最左边。这时，我们要考虑剩下的 1 个格子要插入到什么位置。假设 $2(n-1)$ 个格子已经按照题意涂好了，那么剩下的那个格子只要添加在它们的右边就可以了。如 图 3.2 所示，有 $2(n-1)$ 种情况。

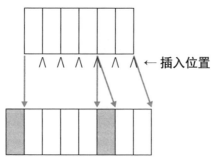

图3.2　添加到现有格子的右边

换句话说，在这种情况下，我们可以通过计算 $2(n-1) \times \text{pair}(n-1)$ 求解。

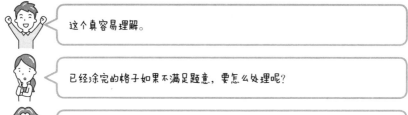

这个真容易理解。

已经涂完的格子如果不满足题意，要怎么处理呢？

同色相邻时，一定要在它们中间插入新的格子。

当 $n-2$ 种颜色符合题意时，需要在同色格子之间插入不同颜色的格子（  ）。

这时，我们可以通过计算 $(2n-3) \times \text{pair}(n-2)$ 求解。

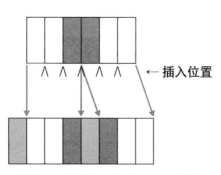

图3.3　在同色格子之间插入不同色的格子

同样，依次思考 $n-3$ 种颜色、$n-4$ 种颜色等的情况。如果有 i 种颜色符合题意，追加格子后的每种涂法都可以通过 $(2i+1)\times\mathrm{pair}(i)$ 这个算式求解。每种添加格子的涂法全部加起来之后，可以像下面式子这样表示。这个式子和当 $i=n-1$ 时计算涂法的式子 $2i\times\mathrm{pair}(i)$ 不一样。

$$\mathrm{total}(n) = \sum_{i=0}^{n-1}\big((2i+1)\times\mathrm{pair}(i)\big)$$

减去多加了的 $\mathrm{pair}(n-1)$ 部分，式子就可以表示成下面这样。

$$\mathrm{pair}(n) = \mathrm{total}(n-1) - \mathrm{pair}(n-1)$$

接着，我们可以用下面的递推公式表示 $\mathrm{total}(n)$。

$$\mathrm{total}(n) = \mathrm{total}(n-1) + (2n+1)\times\mathrm{pair}(n)$$

对这两个递推公式用数学的方式求解，则结果如下所示。

$$\mathrm{pair}(n) = \big(2(n-1)+1\big)\times\mathrm{pair}(n-1) + \mathrm{pair}(n-2)$$

具体实现如代码清单 39.03 和代码清单 39.04 所示。

代码清单 39.03（q39_2.rb）

```
N = 11

@memo = {1 => 0, 2 => 1}
def pair(n)
  return @memo[n] if @memo[n]
  @memo[n] = (2 * (n - 1) + 1) * pair(n - 1) + pair(n - 2)
end

puts pair(N)
```

代码清单 39.04（q39_2.js）

```
N = 11;

var memo = [];
function pair(n){
  if (memo[n]) return memo[n];
  if (n == 1) return 0;
  if (n == 2) return 1;
  return memo[n] = (2 * (n - 1) + 1) * pair(n - 1) + pair(n - 2);
}

console.log(pair(N));
```

一旦颜色增加，递归函数的调用次数也会大幅增加，所以我们也可以使用另一种方法，即用数组和循环的方式（代码清单 39.05 和代码清单 39.06）。不管用哪种方法，即使 $n=50$，也能瞬间求解。

代码清单39.05（q39_3.rb）

```ruby
N = 11

pair = Array.new(N)
pair[1], pair[2] = 0, 1
(3..N).each do |i|
  pair[i] = (2 * (i - 1) + 1) * pair[i - 1] + pair[i - 2]
end

puts pair[N]
```

代码清单39.06（q39_3.js）

```javascript
N = 11;

var pair = [];
pair[1] = 0;
pair[2] = 1;
for (var i = 3; i <= N; i++){
  pair[i] = (2 * (i - 1) + 1) * pair[i - 1] + pair[i - 2];
}

console.log(pair[N]);
```

果然用数学的方式思考可以简化程序，提高处理速度。

但是，这种方式很难一下子就想出来……

这就需要我们培养习惯，当感觉有规律可循的时候，停下来好好思考。

答案 **4 939 227 215 种**

Q40 两船相遇问题

　　岛屿会随着海水水位的变化时而出现，时而消失。假设有两艘船位于岛屿的两侧，并以相同的速度朝着对方前行。海平面虽然会随着涨潮和落潮上升和下降，但是两艘船是浮在水面上的，所以无论何时，它们的水位都等高。换句话说，当海平面下降时，两艘船都会顺着岛屿的斜面下降（不进则退）。

　　这里，我们假设两艘船行驶时的水位不会低于出发时的水位，也不会高于岛屿的最高点。岛屿的地势与海平面的倾斜角度均为45°，但是倾斜方向（向上或向下）可能会随水平距离（以1 m[①]为单位）的变动而改变。

　　假设两船出发点之间的水平距离为 n m，求在两艘船相遇的最短路径中使路程最大的岛屿形状。两艘船行驶的总路程用水平距离来表示。

　　例如，当 n=8 时，如果岛屿的形状如 图3.4 左半边所示，两艘船就会像①～④那样相遇，每艘船的路程都是 5 m，加起来总共是 10 m；但是，如果岛屿的形状如 图3.4 右半边所示，两艘船就会像①～⑥那样相遇，每艘船的路程都是 6 m，加起来总共是 12 m。也就是说，当 n=8 时，答案是 12 m。

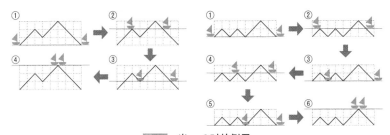

图3.4　当 n=8时的例子

问题

　　当 n=12 时，在两艘船相遇的最短路径中使路程最大的岛屿形状是什么样的？两艘船的总路程是多少？

Hint!

　　这道题容易让人以为可以通过一个简单的式子求解，但其实我们还需要考虑 n 增大后复杂的岛屿形状。

---

① 这里的 m 是一个虚拟单位，假定 图3.4 中水平方向上1格的长度为1 m。——译者注

船的行进方式大致有 3 种。

- 两艘船在爬升过程中接近
- 两艘船在下降过程中接近
- 在同样的高度同向而行（船与船之间的距离不变）

 既然两艘船的距离是缩小或者不变，那好像就没必要搜索二者距离越来越大的情况了。

 确实。二者距离越来越大的情况就不用搜索了吧？

 如果按照这种思路能求出答案，我们直接进行计算就好了，但是情况并没有我们想的那么简单呀。

无论哪艘船往前行驶，距离为 n m 时的移动次数都是最多有 n 次。考虑到船最后会到达岛屿的最高点，所以路程为 $n-2$（当 $n=2$ 时移动 1 次）。

两艘船相遇时所走的路程相等，所以总路程就是一艘船的路程的 2 倍。我们可以按下面的思路来求解。

- 当 $n > 2$ 时，$2(n - 2)$
- 当 $n = 2$ 时，2

把 $n=12$ 代入上面的式子，会得到 $2 \times 10 = 20$，答案正确。但是，当 n 越来越大时，就可能出现上面的式子不成立的情况。例如，当 $n=16$ 时，岛屿的形状如 图 3.5 所示。

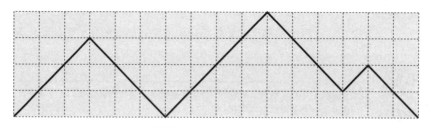

图3.5　当 $n=16$ 时的岛屿形状

在这种情况下，如果不在行进途中朝相反的方向移动，就不可能到达岛屿的最高点。我们尝试使用代码清单 40.01 和代码清单 40.02 进行求解。这里，我们用数组来表示岛屿的形状（高度），然后从岛屿的左边开始依次设置岛屿的高度。确定岛屿的形状后，计算两艘船的路程。

代码清单 40.01（q40.rb）

```ruby
N = 12

# 确认路程
def check(island)
  pos = [0, N]
  q = [pos]
  log = {pos => 0}
  while q.size > 0 do   # 执行广度优先搜索
    left, right = q.shift
    [-1, 1].product([-1, 1]) do |dl, dr|
      l, r = left + dl, right + dr
      # 二者到达同一位置就结束
      return log[[left, right]] + 2 if l == r
      if (l >= 0) && (r <= N) && (island[l] == island[r])
        if (l < r) && !log.has_key?([l, r])
          # A在B的左边，如果没有搜索过，则继续搜索
          q.push([l, r])
          log[[l, r]] = log[[left, right]] + 2
        end
      end
    end
  end
  -1      # 无法求距离的情形
end

# 搜索岛屿的形状
def search(island, left, level)
  island[left] = level   # 设置岛屿的高度
  # 全部设置好后，确认路程
  return check(island) if left == N

  max = -1
  if level > 0           # 如果岛屿比出发地要高，则船往下行驶
    max = [max, search(island, left + 1, level - 1)].max
  end
  if left + level < N  # 如果能形成山的形状，则船往上行驶
    max = [max, search(island, left + 1, level + 1)].max
  end
  max
end

puts search([-1] * (N + 1), 0, 0)
```

```
N = 12;

// 确认路程
function check(island){
  var pos = [0, N];
  var q = [pos];
  var log = {};
  log[pos] = 0;
  var left, right;
  while (q.length > 0){    // 执行广度优先搜索
    [left, right] = q.shift();
    for (var l = left - 1; l <= left + 1; l += 2){
      for (var r = right - 1; r <= right + 1; r += 2){
        // 二者到达同一位置就结束
        if (l == r) return log[[left, right]] + 2;
        if ((l >= 0) && (r <= N) && (island[l] == island[r])){
          if ((l < r) && !log[[l, r]]){
            // A在B的左边，如果没有搜索过，则继续搜索
            q.push([l, r]);
            log[[l, r]] = log[[left, right]] + 2;
          }
        }
      }
    }
  }
  return -1; // 无法求距离的情形
}

// 搜索岛屿的形状
function search(island, left, level){
  island[left] = level;    // 设置岛屿的高度
  // 全部设置好后，确认路程
  if (left == N) return check(island);

  var max = -1;
  if (level > 0){          // 如果岛屿比出发地要高，则船往下行驶
    max = Math.max(max, search(island, left + 1, level - 1));
  }
  if (left + level < N){   // 如果能形成山的形状，则船往上行驶
    max = Math.max(max, search(island, left + 1, level + 1));
  }
  return max;
}

console.log(search(new Array(N + 1), 0, 0));
```

答案　20 m

Q41 开始菜单的磁贴

从 Windows 8 开始，系统的开始菜单风格发生改变，改成了便于在平板计算机上进行触控操作的磁贴式排列方式。相信有人体验过动态更新的磁贴带来的便利。

本题，我们思考一下磁贴的排列方式。磁贴的规格有 1×1、2×2、4×2 和 4×4 这 4 种〔Windows 中有小、中、宽（横向比纵向长）、大这 4 类，没有纵向比横向长的类型〕。

例如，在 4×2 的区域进行排列时，如 图3.6 所示，共有 6 种排列方式。

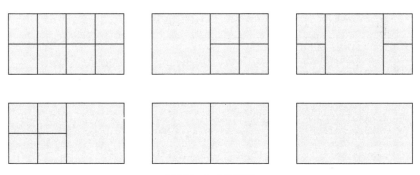

图3.6　4×2的区域

问题

如果在 10×10 的区域中排列磁贴，那么一共有多少种排列方式？

先试着考虑一下如何排列磁贴才能实现高效处理。

Hint!

关键在于"依次填满空白处"这一点。

试想一下在事先准备好的区域内，从左上角开始依次排列磁贴。如果用数组表示区域，用标志位（flag）管理是否设置了磁贴，理解起来就会容易很多。

可以使用的磁贴只有 4 种类型。从左上到右下依次设置磁贴，直到所有区域都放上磁贴即可。

用二维数组就可以了吧？

虽然在二维数组的周边设置哨兵的方法很常用，但是这次我们可以试着用一维数组，只需提前设置"行数"×"列数"，就可以编写程序了。

具体如代码清单 41.01 和代码清单 41.02 所示。

代码清单41.01（q41_1.rb）

```ruby
W, H = 10, 10

@memo = {}
def search(tile, pos)
  # 如果已使用完毕，就搜索下一个位置
  return search(tile, pos + 1) if tile[pos] == 1

  return @memo[[tile, pos]] if @memo[[tile, pos]]
  # 一直搜索，直到到达最后一个位置
  return 1 if pos == W * H

  cnt = 0
  [[1, 1], [2, 2], [4, 2], [4, 4]].each do |px, py|
    # 确认是否能放置磁贴
    check = true
    px.times do |x|
      py.times do |y|
        if (pos % W >= W - x) || (pos / W >= H - y)
          # 如果不能放置
          check = false
        elsif tile[pos + x + y * W] == 1
          # 如果有使用过的位置
          check = false
        end
      end
    end
    next if !check # 跳过不能放置的情形

    # 放置磁贴并继续搜索
```

```
    px.times do |x|
      py.times do |y|
        tile[pos + x + y * W] = 1
      end
    end
    cnt += search(tile, pos + 1)
    # 恢复磁贴
    px.times do |x|
      py.times do |y|
        tile[pos + x + y * W] = 0
      end
    end
  end
  @memo[[tile.clone, pos]] = cnt
end

puts search([0] * (W * H), 0)
```

代码清单41.02（q41_1.js）

```
W = 10;
H = 10;

var memo = {};
function search(tile, pos){
  // 如果已使用完毕，就搜索下一个位置
  if (tile[pos] == 1) return search(tile, pos + 1);

  if (memo[[tile, pos]]) return memo[[tile, pos]];
  // 一直搜索，直到到达最后一个位置
  if (pos == W * H) return 1;

  var cnt = 0;
  var tiles = [[1, 1], [2, 2], [4, 2], [4, 4]];
  for (var i = 0; i < tiles.length; i++){
    // 确认是否能放置磁贴
    var check = true;
    for (var x = 0; x < tiles[i][0]; x++){
      for (var y = 0; y < tiles[i][1]; y++){
        if ((pos % W >= W - x) || (pos / W >= H - y)){
          // 如果不能放置
          check = false;
        } else if (tile[pos + x + y * W] == 1){
          // 如果有使用过的位置
          check = false;
        }
      }
    }
    if (!check) break; // 跳过不能放置的情形

    // 放置磁贴并继续搜索
    for (var x = 0; x < tiles[i][0]; x++)
```

```
      for (var y = 0; y < tiles[i][1]; y++)
        tile[pos + x + y * W] = 1;
    cnt += search(tile, pos + 1);
    // 恢复磁贴
    for (var x = 0; x < tiles[i][0]; x++)
      for (var y = 0; y < tiles[i][1]; y++)
        tile[pos + x + y * W] = 0;
  }
  return memo[[tile, pos]] = cnt;
}

var tile = new Array(W * H);
for (var i = 0; i < W * H; i++)
  tile[i] = 0;
console.log(search(tile, 0));
```

关键点

　　思考一下从上往下依次放入磁贴的情形就能发现，一维数组实际上就已经够用了。换句话说，由于中间不留空白，所以我们可以像 **图 3.7** 这样记录各列的磁贴数。

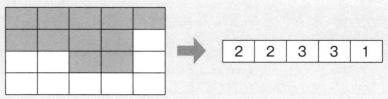

图 3.7 用一维数组表示

只要把数组中存储的值理解成高就可以了。

搜索该数组中的最小值，就可以确定下一个磁贴的放入位置了。可以试一下用递归搜索的方式来实现程序（代码清单 41.03 和代码清单 41.04）。

代码清单 41.03（q41_2.rb）

```
W, H = 10, 10
```

```ruby
@memo = {}
def search(tile)
  return @memo[tile] if @memo[tile]
  # 一直搜索，直到到达最后一个位置
  return 1 if tile.min == H

  # 放置磁贴的位置
  pos = tile.index(tile.min)
  cnt = 0
  [[1, 1], [2, 2], [4, 2], [4, 4]].each do |px, py|
    # 确认是否能放置磁贴
    check = true
    px.times do |x|
      if (pos + x >= W) || (tile[pos + x] + py > H)
        # 如果不能放置
        check = false
      elsif tile[pos + x] != tile[pos]
        # 如果有使用过的位置
        check = false
      end
    end
    next if !check # 跳过不能放置的情形

    # 放置磁贴并继续搜索
    px.times do |x|
      tile[pos + x] += py
    end
    cnt += search(tile)
    # 恢复磁贴
    px.times do |x|
      tile[pos + x] -= py
    end
  end
  @memo[tile.clone] = cnt
end

puts search([0] * W)
```

代码清单41.04（q41_2.js）

```javascript
W = 10;
H = 10;

var memo = {};
function search(tile){
  if (memo[tile]) return memo[tile];
  // 一直搜索，直到到达最后一个位置
  if (Math.min.apply(null, tile) == H) return 1;

  // 放置磁贴的位置
  var pos = tile.indexOf(Math.min.apply(null, tile));
  var cnt = 0;
```

```
    var tiles = [[1, 1], [2, 2], [4, 2], [4, 4]];
    for (var i = 0; i < tiles.length; i++){
      // 确认是否能放置磁贴
      var check = true;
      for (var x = 0; x < tiles[i][0]; x++){
        if ((pos + x >= W) || (tile[pos + x] + tiles[i][1] > H)){
          // 如果不能放置
          check = false;
        } else if (tile[pos + x] != tile[pos]){
          // 如果有使用过的位置
          check = false;
        }
      }
      if (!check) break; // 跳过不能放置的情形

      // 放置磁贴并继续搜索
      for (var x = 0; x < tiles[i][0]; x++)
        tile[pos + x] += tiles[i][1];
      cnt += search(tile);
      // 恢复磁贴
      for (var x = 0; x < tiles[i][0]; x++)
        tile[pos + x] -= tiles[i][1];
    }
    return memo[tile] = cnt;
}

var tile = new Array(W);
for (var i = 0; i < W; i++)
  tile[i] = 0;
console.log(search(tile));
```

参数个数减少了，代码更加简洁了。同时，循环处理的次数也少了，处理更加高效。

分析数据结构很重要。

 答案 2 657 272 845 090 种

Q42 | 忙碌的圣诞老人

IQ 100 | 目标时间：20分钟

一到冬天，孩子们就会因为圣诞节而激动不已。有不少孩子觉得圣诞老人要去拜访那么多个家庭肯定很辛苦。

这里，我们来思考一下什么样的路线能让圣诞老人拜访更多家庭。假设各家以格子状排列，圣诞老人沿着格子状的道路前后左右移动。

从左上角的位置开始派发礼物，结束时返回左上角。同时，道路之间可以交叉通行，但不能重走相同路段。

在这道题中，我们要思考路程最长的路径，并求出此时圣诞老人经过了多少条方格线。假设横向有 3 格，纵向有 3 格，那么如果像 图 3.8 左上的图形那样移动，就经过了 4 条线；像右上的图形那样移动，就经过了 12 条线；像左下的图形那样移动，就经过了 16 条线；像右下的图形那样移动，就经过了 20 条线。所以，3×3 时的最长路径（方格线的数量）是 20。

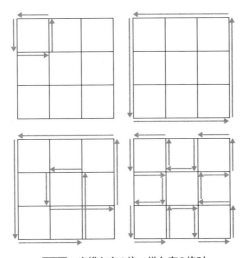

图3.8 当横向有3格，纵向有3格时

问题

当横向有 99 格，纵向有 101 格时，最长路径的长度（方格线的数量）是多少？

这个问题其实和 Q08 的问题在本质上是一样的。要实现一笔画，需要满足以下条件中的任意 1 个条件。

(1) 所有顶点的度数为偶数。

(2) 度数为奇数的顶点只有 2 个。

由于这次要从左上角出发再返回左上角，所以只能生成符合条件 (1) 的图形。同时，在每个格子的顶点交叉时，连接顶点的边不可能有奇数条。

如果连接某个顶点的边有奇数条，我们就必须从该点出发。

当与周围顶点连接的边有 2 条，与除此之外的顶点连接的边有 4 条时，路径长度是最长的吧？

当纵向的长度或横向的长度为奇数时，就表示在横向或纵向上有端点，此时结果需要减去 2。

具体如代码清单 42.01 和代码清单 42.02 所示。

代码清单 42.01（q42.rb）

```ruby
W, H = 99, 101
inside = (W - 1) * (H - 1) * 2
outside = (W + H) * 2
if (W != 1) && (H != 1) && ((W % 2 == 0) || (H % 2 == 0))
  puts inside + outside - 2
else
  puts inside + outside
end
```

代码清单 42.02（q42.js）

```javascript
W = 99;
H = 101;
var inside = (W - 1) * (H - 1) * 2;
var outside = (W + H) * 2;
if ((W != 1) && (H != 1) && ((W % 2 == 0) || (H % 2 == 0)))
  console.log(inside + outside - 2);
else
  console.log(inside + outside);
```

 答案 20 000

Q43

IQ 100　**目标时间：20分钟**

同桌但不相邻的情侣

中餐馆等场所会设置圆桌。这里假设有 n 对情侣，围绕圆桌就座时每对情侣不能相邻而坐。另外，男女要搭配就座。

例如，当 $n=3$ 时，如 **图 3.9** 所示有 2 种组合（数字相同的就是情侣，性别用颜色表示）。

* 因为是圆形，所以旋转 1 次记作 1 种组合，再反过来旋转 1 次也记作 1 种组合。

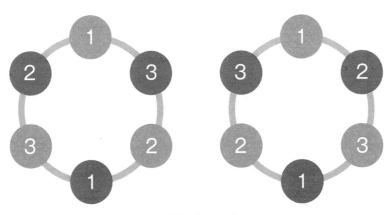

图3.9　当 $n=3$ 时

问题

当 $n=7$ 时，一共有多少种组合？

在生成有序数列的情况下，人数一旦增加，组合数就会剧增，这会导致处理时间增加。

试试使用便于内存化的数据结构吧。

旋转 1 次记为 1 种组合,所以我们先固定 1 位男性。首先,让男性按照 $1 \sim n$ 的顺序依次间隔 1 个空位入座。然后,按照不能与相同编号的男性为邻的原则安排女性入座。

感觉男性的座位固定下来后,不像一个圆,更像是在一条直线上的排列组合。

男性的座位固定下来后,利用有序数列生成女性的座位,然后搜索满足条件的组合就可以了,对吧?

当然也要考虑男性排列顺序的变化,不过,我们只需考虑那一个固定座位以外的人的排列顺序就可以了。

通过有序数列生成女性座位的排列方式,然后搜索邻座不是相同编号的男性。这个过程可通过代码清单 43.01 和代码清单 43.02 实现。我们可以使用阶乘求出对于剩下的 $n-1$ 位男性,有多少种座位排列方式。

代码清单43.01(q43_1.rb)

```ruby
N = 7

cnt = 0
(1..N).to_a.permutation do |seat|
  flag = true
  seat.size.times do |i|
    if (seat[i] - 1 == i) || (seat[i] - 1 == (i + 1) % N)
      flag = false
      break
    end
  end
  cnt += 1 if flag
end

puts cnt * (1..(N - 1)).to_a.inject(:*)
```

代码清单43.02(q43_1.js)

```javascript
N = 7;
women = new Array(N);
factorial = 1;
for (var i = 0; i < N; i++){
  women[i] = i + 1;
```

```
    factorial *= (i + 1);
}

// 生成有序数列
Array.prototype.permutation = function(n){
  var result = [];
  for (var i = 0; i < this.length; i++){
    if (n > 1){
      var remain = this.slice(0);
      remain.splice(i, 1);
      var permu = remain.permutation(n - 1);
      for (var j = 0; j < permu.length; j++){
        result.push([this[i]].concat(permu[j]));
      }
    } else {
      result.push([this[i]]);
    }
  }
  return result;
}

var cnt = 0;
var seat = women.permutation(N);
for (var i = 0; i < seat.length; i++){
  var flag = true;
  for (var j = 0; j < N; j++){
    if ((seat[i][j] - 1 == j) ||
        (seat[i][j] - 1 == (j + 1) % N)){
      flag = false;
      break;
    }
  }
  if (flag) cnt++;
}

console.log(cnt * factorial / N);
```

为什么要在判断条件中求余数呢？

是为了看在安排相邻座位时，是否已经旋转了1周呀。

当 n=10 时，这种方法就比较耗时了。再想想还有没有什么更好的方法呢？

　　用二进制数表示女性的排序，试着求一共有多少种组合可以让所有的座位都坐满（代码清单 43.03 和代码清单 43.04）。

代码清单43.03（q43_2.rb）

```ruby
N = 7

@memo = {0 => 1}
def seat(n)
  return @memo[n] if @memo[n]
  pre = n.to_s(2).count("1") - 1
  post = n.to_s(2).count("1") % N
  cnt = 0
  N.times do |i|
    mask = 1 << i
    if (n & mask > 0) && (i != pre) && (i != post)
      cnt += seat(n - mask)
    end
  end
  @memo[n] = cnt
end

puts seat((1 << N) - 1) * (1..(N - 1)).to_a.inject(:*)
```

代码清单43.04（q43_2.js）

```javascript
N = 7;

var memo = {0: 1};
function seat(n){
  if (memo[n]) return memo[n];
  var count1 = n.toString(2).split("1").length - 1;
  var pre = count1 - 1;
  var post = count1 % N;
  var cnt = 0;
  for (var i = 0; i < N; i++){
    var mask = (1 << i);
    if (((n & mask) > 0) && (i != pre) && (i != post)){
      cnt += seat(n - mask);
    }
  }
  return memo[n] = cnt;
}

function factorial(n){
  var result = 1;
  for (var i = 1; i <= n; i++)
    result *= i;
  return result;
}
console.log(seat((1 << N) - 1) * factorial(N - 1));
```

答案   416 880 种

IQ 100　**目标时间：20分钟**

Q44 三进制问题

计算机中处理数据的最小单位是比特位（bit），用 0 或 1 表示。我们可以通过下面的式子把十进制数转换为二进制数。

例）19（十进制数）＝$1×2^4+0×2^3+0×2^2+1×2^1+1×2^0$＝10011（二进制数）

在三进制的情况下，数据的最小单位是 trit。把十进制数转换为三进制数时，表示方法有以下两种。 表3.1 显示了十进制数中的 0～20 分别为二进制数和三进制数时的情形。

【用 0、1、2 三个数字表示十进制数】

例）19（十进制数）＝$2×3^2+0×3^1+1×3^0$＝201（三进制数）

【用 −1、0、1 三个数字表示十进制数】

例）19（十进制数）＝$1×3^3＝(-1)×3^2+0×3^1+1×3^0$＝1T01（三进制数）

问题

在 0～12345 的十进制数中，无论用三进制的哪种表示方法，每一位上的数字都相同的数有多少个？

表3.1　**十进制数、二进制数、三进制数的对应关系表**

十进制数	二进制数	三进制数 （0、1、2）	三进制数 （−1、0、1）
0	00000	0000	0000
1	00001	0001	0001
2	00010	0002	001T
3	00011	0010	0010
4	00100	0011	0011
5	00101	0012	01TT
6	00110	0020	01T0
7	00111	0021	01T1
8	01000	0022	010T
9	01001	0100	0100
10	01010	0101	0101
11	01011	0102	011T
12	01100	0110	0110
13	01101	0111	0111
14	01110	0112	1TTT
15	01111	0120	1TT0
16	10000	0121	1TT1
17	10001	0122	1T0T
18	10010	0200	1T00
19	10011	0201	1T01
20	10110	0202	1T1T

思路

首先，对比三进制数的两种表示方法，思考在什么条件下会出现二者一致的情况。我们可以关注一下用 0、1、2 表示时转换结果中的 2。

然后，你会发现如果用 0、1、2 表示时转换结果中带 2，那么用 -1、0、1 表示时转换结果中就一定会出现 T。因此，只要统计十进制数转换为三进制数时，不包含 2 的结果就可以了，具体可以参考代码清单 44.01 和代码清单 44.02。

代码清单 44.01（q44_1.rb）

```
N = 12345

cnt = 0
0.upto(N) do |i|
  cnt += 1 if !i.to_s(3).include?("2")
end

puts cnt
```

代码清单 44.02（q44_1.js）

```
N = 12345;

var cnt = 0;
for (i = 0; i <= N; i++){
  if (i.toString(3).indexOf("2") == -1)
    cnt++;
}

console.log(cnt);
```

 原来如此，发现规律后就简单多了。

 许多编程语言预置了由十进制转换为三进制的函数，所以我们只用简单几步就能实现程序。

 当前程序已经够用了，不过，我们还是来想一想有没有什么方法可以进一步优化程序。

我们来用数学的方式找规律。当 a 位的数中每一位都是 0 或 1 时，用 0、1、2 表示的三进制数中到 a 位为止的位数都一致的数字个数是 2^a。同时，对

于超出 a 位的部分，选择 $n-3^a$ 和 3^a-1 中较小的那个。

因此，要计算到 n 为止的十进制数中，有多少个数用三进制的两种方法表示时是相同的，可以通过计算三进制的位数求得。

这部分逻辑可以通过代码清单 44.03 和代码清单 44.04 实现。

代码清单 44.03（q44_2.rb）

```
N = 12345

def trit(n)
  return 1 if n == 0
  a = 0
  while 3 ** (a + 1) <= n do
    a += 1
  end
  2 ** a + trit([n - 3 ** a, 3 ** a - 1].min)
end

puts trit(N)
```

代码清单 44.04（q44_2.js）

```
N = 12345;

function trit(n){
  if (n == 0) return 1;
  var a = 0;
  while (Math.pow(3, a + 1) <= n){
    a++;
  }
  return Math.pow(2, a) +
    trit(Math.min(n - Math.pow(3, a), Math.pow(3, a) - 1))
}

console.log(trit(N));
```

虽然式子有点复杂，但是循环的次数减少了，即便数字变多，也不会导致处理时间增加。

 512 个

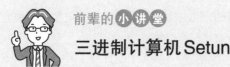

前辈的 **小讲堂**

三进制计算机 Setun

从把数据符号化时的"成本"考虑，就能通过所用字符的种类和长度（位数）来计算复杂性。一般而言，如果用 N 进制数表示到 M 为止的成本，就是 $N \times \log_N(M)$。

例如，十进制数的 9999 的每一位都可以用 10 种数字，用 4 位就能表示出来。转换成二进制数就是 10011100001111，每一位都可以用 2 种数字，用 14 位就能表示出来。同样，转换成三进制数是 111201100，每一位都可以用 3 种数字，用 9 位就能表示出来。

如果用数字的种类和长度（位数）计算成本，以上面的示例来说，十进制数的成本是 $4 \times 10 = 40$，二进制数的成本是 $14 \times 2 = 28$，三进制数的成本是 $9 \times 3 = 27$。考虑到成本最小化，理论上 e 进制数（e 是自然对数的底数，e=2.718…）最合适。也就是说，三进制数是最接近该值的整数。

另外，像前文所说的那样，三进制数有 0、1、2 和 -1、0、1 两种表示方式。后者又称 balanced ternary（对称三进制）。在使用这种方式的情况下，只要调换 + 和 - 就能表示负值。

换句话说，三进制数在负数的表现手法上具有优势。在二进制数的情况下，要表示负数就要用 2 的补码等，而三进制数就没有这么麻烦了。因此，三进制数的表示方法比二进制数的更加高效。

1958 年，苏联研发出三进制计算机 Setun。这类计算机称为 ternary computer（三进制计算机），是我们平常使用的二进制计算机的扩展版。但是，实际上三进制计算机主要用作研究，并没有普及开来。

Q45 一笔画的交叉点

假设圆周上分布了一些等距的点。从任意点出发，用直线一笔画通过所有的点（通过所有的点之后再回到最初的点）。

考虑一笔画的所有方法，求所有方法中出现的交叉点一共有多少个。如果圆上有 3 个点，交叉点就不会出现。在有 4 个点的情况下，如 图 3.10 所示，一共有 6 种方法，共有 4 个交叉点（绿色小圆圈处）。

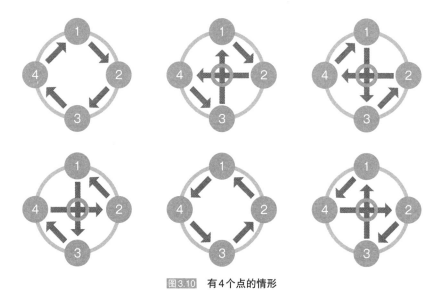

图 3.10　有 4 个点的情形

问题

如 图 3.11 所示，有 9 个点等距分布在圆周上。在用直线一笔画通过所有的点时，一共会产生多少个交叉点呢？注意，在不同的一笔画方法中，即使直线都在同一点相交，交叉次数也要分别进行统计。

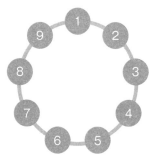

图 3.11　9 个点等距排列的圆形

假设圆周上有 n 个点，很明显当 $n \leqslant 3$ 时交叉点为 0。当 $n \geqslant 4$ 时，如 图 3.12 所示，圆周上的 4 个点定下来后，相互交叉的直线也就定下来了，有 1 个交叉点。虽然有直线互不交叉的一笔画方法，但是本题让我们求的是交叉点的个数，所以我们没必要考虑不交叉的一笔画方法。

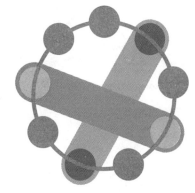

图3.12　圆周上的4个点确定之后，相互交叉的直线也就确定了

圆周上的 4 个点有 1 个确定了之后，构成直线的两对点和剩下的点的排列组合就可以通过循环排列来求。首先，选 4 个点的方法有 C_n^4 种，按照两两一对的原则来考虑，循环排列是 $n-2$ 个点的排列组合，所以总数可以通过式子 $(n-2-1)!$ 计算出来。

循环排列……我好像在学校里学过。

转动的位置也可以用相同的思考方式，固定一个点之后就容易理解了。

圆上分布了 n 个点的组合用 $(n-1)!$ 就能计算出结果。

接下来，交换连成线的两个点。每一对都有 2 种组合，所以我们可以用下面的式子来计算结果。

$$C_n^4 \times (n-2-1)! \times 2! \times 2!$$

整理完后，式子就变成了下面这样。

$$\frac{n \times (n-1) \times (n-2) \times (n-3)}{4 \times 3 \times 2 \times 1} \times (n-3)! \times 2 \times 2 = \frac{n! \times (n-3)}{6}$$

上面的式子可通过代码清单 45.01 和代码清单 45.02 实现。

```ruby
N = 9

if N <= 3
  puts "0"
else
  puts (1..N).inject(:*) * (N - 3) / 6
end
```

代码清单45.02（q45.js）

```javascript
N = 9;

if (N <= 3){
  console.log("0");
} else {
  var factorial = 1;
  for (var i = 1; i <= N; i++)
    factorial *= i;
  console.log(factorial * (N - 3) / 6);
}
```

阶乘的计算也不难，算式瞬间就能处理完。

当然，如果有 9 个点，也可按照题意进行全局搜索。

如果 $n \geqslant 3$，那这个式子绝对不会是一个很小的数，因为 $n!$ 必须是 6 的倍数。

似乎当点的个数增加后，全局搜索会比较耗时。

 答案 362 880 个

前辈的 小 讲 堂

复杂的交叉判断

在射击游戏中，在判断子弹是否打到了敌人、球体是否撞击了障碍物等时，都需要判断冲突。在研发一款游戏时，这类算法的好坏会大大影响用户的体验。

但是，判断子弹和敌人之间的冲突、球体和障碍物之间的冲突并没那么简单。不同形状的处理思路不同，我们还要考虑二维和三维的区别。

如果是长方形，只要知道长和宽就能判断它们是否重叠；如果是圆形，只要知道圆点和半径就能通过原点间的距离和它们的半径之和来判断二者是否重叠。

问题是它们处于移动状态。在静止的状态下，我们只要进行计算即可，但是当判断对象处于移动状态时，如果没有把握好判断时机，就会出现判断失误的情况。对以速度为先的游戏来说，这就是个大问题。

这时我们要用"线段"来进行交叉判断（如 图 3.13 所示）。判断直线是否交叉很简单，但是判断线段是否交叉就比较麻烦了。如果不知道向量的相关知识点，用代码实现还是比较费事的。

图 3.13　判断交叉点的例子

本题中的点在圆周上，所以用线段也可以轻松判断交叉情况。判断线段是否交叉经常在算法题中出现，请各位读者一定好好思考。

Q46 一笔画的拐弯问题

IQ 100　目标时间：30分钟

Q46 一笔画的拐弯问题

如 图 3.14 所示，有一张格子状的地图。其中，横向有 4 条路，纵向有 5 条路。

现在，我们要从该地图的左上角移动到右下角。所有道路只能走 1 次（允许路线交叉或路过相同的点）。

如果只能拐 2 次弯到右下角的位置，则如 图 3.15 所示一共有 5 条路线；如果拐 21 次弯到右下角的位置，则如 图 3.16 所示有 6 条路线。

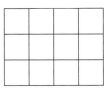

图 3.14　格子状的地图

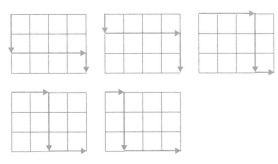

图 3.15　拐 2 次弯的情况

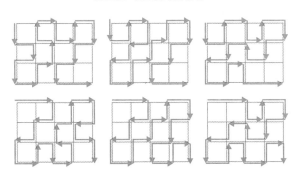

图 3.16　拐 21 次弯的情况

问题

如果拐 22 次弯，那么一共有多少条路线？

思路

本题貌似没有规律可循，那我们就直接进行深度优先搜索吧。这时，必须要保存已经搜索过的路径。例如，要对道路的各交点保存人物是往右移动还是往下移动的信息。这样，如果人物往左或往上移动，我们就可以直接用目标交点中保存的值了。

还有一种方法是对所有交点都保存"是否使用过上下左右"的值的信息。针对每个交点设置一个 4 比特的变量表示"上下左右"，然后保存使用过的值（如 图 3.17 所示。例如，0110表示向下和向左的值已经使用过了）。

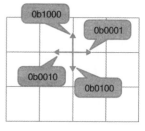

图3.17　针对每个交点设置一个 4 比特的变量

 用这种方法的话，只要根据交点的个数用数组存储使用情况就可以了。

 对于边角上的交点，如果在初始化时就设好了不能移动的方向，就能充分利用它的特性了。

 因为边是连通的，所以要注意更新相关联的点的值。例如在往右移动时，要注意更新移动前点的右边的值和移动后点的左边的值。

使用深度优先搜索的方式从左上角开始，按照指定的拐弯次数进行递归处理，如果能到达右下角就统计 1 次。这里，我们尝试用一维数组表示交点（代码清单 46.01 和代码清单 46.02 ）。

```
代码清单46.01（q46.rb）

W, H, N = 5, 4, 22
@dir = {1 => 0b1, W => 0b100, -1 => 0b10, -W => 0b1000}

def search(pos, dir, used, n)
  return 0 if n < 0
  return (n == 0)?1:0 if pos + dir == W * H - 1

  used[pos] |= @dir[dir]   # 设置移动前的标志位
  pos += dir
  used[pos] |= @dir[-dir]  # 设置移动后的标志位
  cnt = 0
  @dir.each do |d, bit|
    m = n - ((dir == d)?0:1) # 一旦转弯就减少拐弯的次数
```

```
      cnt += search(pos, d, used, m) if (used[pos] & bit) == 0
    end
    used[pos] ^= @dir[-dir] # 返回移动后的标志位
    pos -= dir
    used[pos] ^= @dir[dir]  # 返回移动前的标志位
    cnt
end

used = [0] * (W * H)
W.times do |w|
  used[w] |= @dir[-W]                # 移动到上边
  used[w + (H - 1) * W] |= @dir[W]   # 移动到下边
end
H.times do |h|
  used[h * W] |= @dir[-1]            # 移动到左边
  used[(h + 1) * W - 1] |= @dir[1]   # 移动到右边
end

cnt = 0
cnt += search(0, 1, used, N) # 一开始朝右前进
cnt += search(0, W, used, N) # 一开始朝下前进
puts cnt
```

代码清单46.02（q46.js）

```
W = 5;
H = 4;
N = 22;

var dirs = {};
[dirs[1], dirs[-1], dirs[W], dirs[-W]] = [0b1, 0b10, 0b100,
0b1000];

function search(pos, dir, used, n){
  if (n < 0) return 0;
  if (pos + dir == W * H - 1) return (n == 0)?1:0;

  used[pos] |= dirs[dir];   // 设置移动前的标志位
  pos += dir;
  used[pos] |= dirs[-dir];  // 设置移动后的标志位
  var cnt = 0;
  for (var d in dirs){
    var m = n - ((dir == d)?0:1);  // 一旦转弯就减少拐弯的次数
    if ((used[pos] & dirs[d]) == 0)
      cnt += search(pos, parseInt(d), used, m);
  }
  used[pos] ^= dirs[-dir];  // 返回移动后的标志位
  pos -= dir;
  used[pos] ^= dirs[dir];   // 返回移动前的标志位
  return cnt;
}
```

```
var used = new Array(W * H);
for (var i = 0; i < W * H; i++)
  used[i] = 0;
for (var w = 0; w < W; w++){
  used[w] |= dirs[-W];                    // 移动到上边
  used[w + (H - 1) * W] |= dirs[W]; // 移动到下边
}
for (var h = 0; h < H; h++){
  used[h * W] |= dirs[-1];                // 移动到左边
  used[(h + 1) * W - 1] |= dirs[1]; // 移动到右边
}

var cnt = 0;
cnt += search(0, 1, used, N); // 一开始朝右前进
cnt += search(0, W, used, N); // 一开始朝下前进
console.log(cnt);
```

 设置标志位和恢复标志位的位运算有什么作用？

 在设置标志位时，程序会对相应的比特位进行 OR 运算。相反，恢复标志位就是进行 XOR 运算。

 在判断能否移动时，用 AND 运算。

 答案 40 条

Q47 压缩字符串

　　假设有一列由字母组成的字符串。当字符串中有相同字符连续出现时，就把字符串转换为"字符 + 字符重复的个数"的形式。

　　例如，AABBBCEEEE 要转换为 A2B3C1E4。这时，原来有 10 个字符的字符串就会转换成有 8 个字符的字符串。

　　在由 2 个不同的字母组成的有 5 个字符的字符串中，转换后的字符串比原来的字符串短的组合一共有以下 10 种。

AAAAA → A5　　　　　　　BAAAA → B1A4

AAAAB → A4B1　　　　　　BBAAA → B2A3

AAABB → A3B2　　　　　　BBBAA → B3A2

AABBB → A2B3　　　　　　BBBBA → B4A1

ABBBB → A1B4　　　　　　BBBBB → B5

问题

　　在由 6 个不同的字母组成的有 6 个字符的字符串中，转换后的字符串比原来的字符串短的组合一共有多少种？

Hint!

因为字符串中最多有 6 个字符，所以我们就不用考虑连续出现 2 个相同字符的情况了。

这里我们还是来综合考虑一下如何处理更多的字符种类。

可以使用行程长度压缩算法①。它是一个基本的字符串压缩算法，大家要好好记住。

如果相同字符不相邻，就不会比原来的字符串短。

---

① 行程长度压缩算法是一种针对无损压缩的算法。——译者注

思路

因为是由 6 个字母组成的有 6 个字符的字符串，所以一共有 $6^6=46\ 656$ 种组合。这个数据量还是可以用全局搜索的，所以我们只要考虑压缩处理就可以了。当相同的字符连续出现时，要把字符串转换为"字符 + 字符重复的个数"的形式，所以针对 1 个字母设置 1 个字符数。

逐个取出给定字符串中的字符，如果取出的字符和前一个字符不同，就增加 2 个字符的长度。这部分处理可以参考代码清单 47.01 和代码清单 47.02 实现。当然，对所有组合都要执行该处理，这样才能求出转换后长度变短的组合一共有多少个。

代码清单47.01（q47_1.rb）

```ruby
M, N = 6, 6

# 压缩处理
def compress(str)
  len = 2
  pre = str[0]
  str.each do |c|
    if c != pre   # 如果取的字符和前一个字符不同，则切换
      pre = c
      len += 2
    end
  end
  len
end

cnt = 0
(1..M).to_a.repeated_permutation(N).each do |str|
  # 针对所有组合比较长度
  cnt += 1 if str.length > compress(str)
end
puts cnt
```

代码清单47.02（q47_1.js）

```javascript
M = 6;
N = 6;

// 压缩处理
function compress(str){
  var len = 2;
  var pre = str[0];
  for (var i = 0; i < str.length; i++){
    if (str[i] != pre){   // 如果取的字符和前一个字符不同，则切换
      pre = str[i];
      len += 2;
```

```
      }
    }
  return len;
}

// 生成全部的组合
function make_str(str){
  if (str.length == N)
    return (str.length > compress(str))?1:0;
  var cnt = 0;
  for (var i = 0; i < M; i++){
    cnt += make_str(str + i);
  }
  return cnt;
}

console.log(make_str(""));
```

Ruby 可以用 repeated_permutation 生成全部的组合，那 JavaScript 该如何处理呢？

可以用递归的方式逐个增加字符，等到了既定的长度后就进行压缩处理。

就像压缩处理所做的那样，如果当前字符和它前面的不同就切换处理内容，我们在实际工作中也经常采用这种处理方式。

　　虽然前面的方法可行，但是随着字符串种类和长度增加，处理时间会大幅增长。因此，我们需要考虑如何提高处理效率。

　　如果把连续的字符串看作一个整体，那么这个整体一定是由字母和数字两种字符组成的。换句话说，aaabbb 这样的字符串可以分成 a 和 b 两个部分。同样，aabbaa 这样的字符串可以分成 a、b、c 这 3 个部分。这时，如果原先的字符串有 n 个字符，这 n 个字符可以分成不超过 $(n-1)/2$ 个部分，那么执行压缩后，字符串才会变短。

　　当有 i 个部分时，开头字符有 m 种组合，剩余字符各有 $m-1$ 种组合。考虑到 n 个字符相互切换位置的情形，我们可以通过以下式子求出答案。

$$m \times (m-1)^{i-1} \times C_{n-1}^{i-1}$$

　　上面的 i 在 $1 \sim (n-1)/2$ 变化的总数就是我们要求的组合数。

为什么要用 C_{n-1}^{i-1} 求切换的位置呢?

假设 5 个字符分成 2 部分, 那么 a 和 b 两部分的组合如下所示。

aaaab、aaabb、aabbb、abbbb

也就是说, 从 $n-1$ 个位置中选 $i-1$ 个位置切换。

我明白了。如果是 5 个字符分成两个部分, 就是在中间的 4 个位置中任选 1 个位置。

这部分处理可以参考代码清单 47.03 和代码清单 47.04 实现。

代码清单47.03（q47_2.rb）

```ruby
M, N = 6, 6

@memo = {}
def nCr(n, r)
  return @memo[[n, r]] if @memo[[n, r]]
  return 1 if (r == 0) || (r == n)
  @memo[[n, r]] = nCr(n - 1, r - 1) + nCr(n - 1, r)
end

cnt = 0
1.upto((N - 1) / 2) do |i|
  cnt += M * (M - 1) ** (i - 1) * nCr(N - 1, i - 1)
end
puts cnt
```

代码清单47.04（q47_2.js）

```javascript
M = 6;
N = 6;

var memo = {};
function nCr(n, r){
  if (memo[[n, r]]) return memo[[n, r]];
  if ((r == 0) || (r == n)) return 1;
  return memo[[n, r]] = nCr(n - 1, r - 1) + nCr(n - 1, r);
}
```

```
var cnt = 0;
for (var i = 1; i <= (N - 1) / 2; i++){
  cnt += M * (M - 1) ** (i - 1) * nCr(N - 1, i - 1);
}
console.log(cnt);
```

知道算式是怎么求解的,代码编写起来就很简单了。

优化之后,即便字符种类和长度有所增加也能瞬间求解,大大提升了处理速度。

让我们换个角度再想一想。

　　思考一下如果在现有字符串的基础上增加 1 个字符,压缩后的字符串长度就会随着增加的那个字符发生变化。例如,在字符串 aaabbb 后面增加字符 b,也只是从 a3b3 变成了 a3b4,压缩后的长度并没有发生变化。像这样,如果原先的长度在压缩之后变短了,那么即使增加相同字符,字符串在压缩后也会变短。

　　而如果在字符串 aaabb 后面增加字符 a,a3b2 就会变成 a3b2a1,增加字符后即便进行压缩,字符串也不会变短。

明白了!应该用递归的方式考虑。

是的。如果知道了之前的状态,就能通过预判在增加字符时会发生什么样的变化来求解。

　　统计在以下两种情况下增加字符的组合,就是求解对长度为 n 的字符串进行压缩后不足 c 个字符的组合的数量。

- 对由 $n-1$ 个字符组成的字符串进行压缩后,长度不足 c 个字符的情况
- 对由 $n-1$ 个字符组成的字符串进行压缩后长度不足 $c-2$ 个字符,此时增加和末尾字符不同的字符的情况

　　换句话说,可以将"对由 n 个字符组成的字符串进行压缩后,字符串长

度不足 c 个字符"的组合设为函数 $f(n, c)$，此时我们可以用下面的递推公式表示这个函数。

$$f(n,\ c) = f(n-1,\ c) + (m-1) \times f(n-1,\ c-2)$$

但是，不可能出现 $c \leqslant 2$ 的情形，所以当 $f(n, c)=0$、$n=1$ 时，字符种类有 m 种。使用上面的式子求 $f(n, n)$ 就能求出组合数（代码清单 47.05 和代码清单 47.06）。

代码清单 47.05（q47_3.rb）

```ruby
M, N = 6, 6

def search(n, c)
  return 0 if c <= 2
  return M if n == 1
  search(n - 1, c) + (M - 1) * search(n - 1, c - 2)
end

puts search(N, N)
```

代码清单 47.06（q47_3.js）

```javascript
M = 6;
N = 6;

function search(n, c){
  if (c <= 2) return 0;
  if (n == 1) return M;
  return search(n - 1, c) + (M - 1) * search(n - 1, c - 2);
}

console.log(search(N, N));
```

这也太简单了！

我们还可以进行内存化处理。只是这道题中的 n 和 c 不是很大，不需要进行内存化处理。

 答案 156 种

Q48 平分卡片数值

假设有 m 张卡片，每张卡片上都写有 1～m 的数字。把这些卡片分给 n 个人（当然，$m > n$）。那么，这时一共有多少种分法可以让每个人手上卡片的数值之和相等？

例如，当 $m=3$、$n=2$ 时，将写有数字 1、2、3 的 3 张卡片按照"1、2"和"3"的方式分给两个人，此时双方手上的卡片数值之和都是"3"。所以，当 $m=3$、$n=2$ 时，只有上面这 1 种分法。

同样，当 $m=7$、$n=2$ 时，有以下 4 种分法。

- 1 2 4 7 和 3 5 6
- 1 2 5 6 和 3 4 7
- 1 3 4 6 和 2 5 7
- 1 6 7 和 2 3 4 5

* 所有的卡片都要分完，不能有剩余。

问题

当 $m=16$、$n=4$ 时，一共有多少种分法可以让每个人手上卡片的数值之和相等？

每张卡片都有唯一的数字，并且所有卡片都要用完，那按顺序来分卡片就可以了吧？

在按照顺序来分卡片的情况下，优化处理顺序可以减少处理时间。

不管用什么方法分配卡片，每个人手上卡片的数值之和都要相等哦。

思路

前提条件是，所有卡片的数值之和必须能除尽人数。在此基础上，按照让所有人手上卡片的数值之和相等的原则来分卡片。因为每张卡片上的数字都是唯一的，所以每张卡片只能用 1 次。

这里，用标志位表示每张卡片是否已经使用过，然后按顺序分配卡片，直到实现目标，在所有卡片分配完之后结束搜索。

依次尝试分发那些还没用过的卡片即可，所以使用深度优先搜索就能求解。

关键是，是否要将某人手上的卡片直接与他人交换的情形看作重复。

如本题示例所示，"1、2、4、7""3、5、6"和"3、5、6""1、2、4、7"只是交换了位置而已，它们被视为是一样的。因此，最开始分发的卡片必须是"剩余的卡片中数值最大的卡片"。在这个例子中，如果在给第 1 个人分完卡片"7"后开始搜索，第 2 个人就不会被分到卡片"7"了。

为什么要从最大值开始分配卡片呢? 感觉也可以从最小值开始分配卡片啊……

从较大的数开始分配可以减少可选卡片的数量，也就可以提高处理速度。

关键点

例如，要从 7 张卡片"1、2、3、4、5、6、7"中选择数值之和为 14 的组合，如果一开始选的是"1"，那么接下来就会出现"2、3、4、5、6、7"六个选项。之后如果选择"2"，因为剩下的数值之和是 11，所以还要从"3、4、5、6、7"中选卡片。

那么，我们来思考一开始就选择"7"的情况。此时，下一次可选的卡片有"1、2、3、4、5、6"。接下来如果选择"6"，就只剩下"1"这一种选择。如果选择"5"，就有"1、2"这两种选择。类似这种减少选项的方法经常用于需要提升处理速度时使用。

我们用数组保存卡片的使用状态，然后用深度优先搜索的方式从最大值开始搜索。具体可参考代码清单 48.01 和代码清单 48.02 实现。

代码清单 48.01（q48.rb）

```ruby
M, N = 16, 4

sum = M * (M + 1) / 2
@goal = sum / N

def search(n, used, sum, card)
  return 1 if n == 1 # 剩余1人时结束处理

  cnt = 0
  used[card] = true  # 卡片状态更新为已使用
  sum += card
  if sum == @goal
    # 累计达到目标值，就开始给下一个人发卡片
    #（最开始分发的卡片是未分发的卡片中，数值最大的那一张卡片）
    cnt += search(n - 1, used, 0, used.rindex(false))
  else
    # 没有达到目标值，所以继续使用没有用过的卡片
    ([card - 1, @goal - sum].min).downto(1) do |i|
      cnt += search(n, used, sum, i) if !used[i]
    end
  end
  used[card] = false # 卡片状态恢复为未使用
  cnt
end

if sum % N == 0
  puts search(N, [false] * (M + 1), 0, M)
else
  puts "0"
end
```

代码清单 48.02（q48.js）

```javascript
M = 16;
N = 4;

var sum = M * (M + 1) / 2;
var goal = sum / N;

function search(n, used, sum, card){
  if (n == 1) return 1; // 剩余1人时结束处理

  var cnt = 0;
  used[card] = true;    // 卡片状态更新为已使用
  sum += card;
  if (sum == goal){
    // 累计达到目标值，就开始给下一个人发卡片
```

```
      // （最开始分发的卡片是未分发的卡片中，数值最大的那一张卡片）
      cnt += search(n - 1, used, 0, used.lastIndexOf(false));
    } else {
      // 没有达到目标值，所以继续使用没有用过的卡片
      for (var i = Math.min(card - 1, goal - sum); i > 0; i--){
        if (!used[i]) cnt += search(n, used, sum, i);
      }
    }
    used[card] = false;    // 卡片状态恢复为未使用
    return cnt;
  }

  if (sum % N == 0){
    var used = new Array(M + 1);
    for (var i = 0; i < M + 1; i++) used[i] = false;
    console.log(search(N, used, 0, M));
  } else {
    console.log("0");
  }
```

 关键在于，要在数值之和没有达到目标值时设定一个上限。

 达到目标值之后，怎么来判断发给下一个人的第1张牌是什么呢？

 每张卡片的使用状态都存进了数组，所以只要从数组的最右边开始搜索，选最先找到的没使用过的卡片就可以了，那张卡片就是没用过的卡片中数值最大的那张。

关键点

对 $m=16$、$n=4$ 这种大小的数值而言，搜索方向不管是从小到大还是从大到小，处理时间都不会有明显的变化。但是，对 $m=20$、$n=5$ 这种大小的数值而言，处理时间就大不相同了。建议思考一下如何进行优化处理。

 答案　2650 种

Q49 按申请编号表分组

IQ 110 目标时间：30分钟

某活动主办方按照申请的先后顺序为各个参加活动的人员发放一个申请编号。但是，主办方不是按照申请编号来排座位的，参加活动的人要按到场顺序就座。

这时，我们根据"就座的座位号"和"申请编号"来分组。如果"座位号"和"申请编号"相同，则这位参加者单独为一组。

如果二者不同，则按顺序搜索在申请编号对应的座位号上就座的人，搜索到的人为一组。表3.2记录了6个人的座位号和申请编号。这时，可以分成"1、2、4""3"和"5、6"这3组。

表3.2　座位号和申请编号

座位号	申请编号
1	2
2	4
3	3
4	1
5	6
6	5

如果有3个人，座位号对应的申请编号的组合如 表3.3 所示，一共有6种。这时，小组个数的期望值为 $(3+2+2+1+1+2)/6 = 1.8333\ldots$。

表3.3　座位号对应的申请编号和小组个数

座位号	申请编号	申请编号	申请编号	申请编号	申请编号	申请编号
1	1	1	2	2	3	3
2	2	3	1	3	1	2
3	3	2	3	1	2	1
小组个数	3个	2个	2个	1个	1个	2个

本题中，我们不考虑申请后取消的情况。座位号和申请编号都从1开始计数，按人数进行发放。

问题

如果期望的小组数超过10个，那么最少需要多少人参加活动？

思路

这里要根据最后一个申请人的座位号来分情况处理。在已经有 m 个人申请的情况下，如果第 $m+1$ 个人申请，申请号就是 $m+1$。

当这个人最后到达会场时，则其座位号是 $m+1$，所以不会对 m 个人的分组结果造成影响。换句话说，只要在 m 个人的分组结果上加 1 即可。

还有一种情况是，这个人不是最后一个到达会场的，他的座位号不是 $m+1$。这时，他会加入已有的任意一队。换句话说，m 个人的分组结果不变。

我明白小组个数是怎么来的了。但是，要怎么求期望值呢?

如果 m 个人的期望值为 $E(m)$，总的小组个数就是 $m! \times E(m)$。我们用增加小组个数的方式思考这个问题，是不是就可以了?

确实是这样。如果是增加 1 组，那么其他 m 人的排列组合就有 $m!$ 种。如果小组个数没有发生改变，则 $m! \times E(m)$ 为 $m+1$ 种。

以上内容可以用下面的算式表示。

$$E(m+1) = \frac{m! + (m+1) \times m! \times E(m)}{(m+1)!}$$

整理之后，式子会变成下面这样。

$$E(m+1) = \frac{1}{m+1} + E(m)$$

当 $m=1$ 时显然只有 1 种，所以可以用内存化和递归的方式处理，具体可参考代码清单 49.01 和代码清单 49.02 实现。

代码清单 49.01（q49_1.rb）

```
EXP = 10

@memo = {1 => 1}
def group_count(n)
  return @memo[n] if @memo[n]
  @memo[n] = Rational(1, n) + group_count(n - 1)
end
```

```
# 从1开始依次增加人数
m = 1
while group_count(m) <= EXP do
  # 一直循环，直到超过期望的小组个数
  m += 1
end
puts m
```

代码清单49.02（q49_1.js）

```
EXP = 10;

var memo = {1: 1};
function group_count(n){
  if (memo[n]) return memo[n];
  return memo[n] = 1 / n + group_count(n - 1);
}

// 从1开始依次增加人数
var m = 1;
while (group_count(m) <= EXP){
  // 一直循环，直到超过期望的小组个数
  m++;
}
console.log(m);
```

 整理完算式后用简单的代码就能实现呢。

 Ruby 程序中为什么要用 Rational 函数啊？

 在 Ruby 中，如果直接用整数除，就会变成整数运算。虽然也可以转换为浮点数，但是 Rational 才是不二之选。

 JavaScript 中整数之间的除法运算也会出现浮点数呢。

　　看到这个递推公式就会注意到它是单纯的调和级数[1]。换句话说，它能够表示成以下形式。

---

① 调和级数（harmonic series）是一个发散的无穷级数，它是由调和数列各元素相加所得的和。——译者注

$$1 + \frac{2}{2} + \frac{1}{3} + \cdots + \frac{1}{n} = \sum_{k=1}^{n} \frac{1}{k}$$

这部分不用递归的方式，用简单的循环就能实现。具体可参考代码清单49.03 和代码清单 49.04 实现。

代码清单 49.03（q49_2.rb）

```ruby
EXP = 10

m = 0
sum = 0
while sum <= EXP do
  # 一直循环，直到超过期望的小组个数
  m += 1
  sum += Rational(1, m)
end
puts m
```

代码清单 49.04（q49_2.js）

```javascript
EXP = 10;

var m = 0;
var sum = 0.0;
while (sum <= EXP){
  // 一直循环，直到超过期望的小组个数
  m++;
  sum += 1 / m;
}
console.log(m);
```

太厉害啦！虽然这道题不是太难，但优化后代码变得更加简洁易读了。

是啊，虽然在看问题描述的时候可能一下子想不到这一层，但是整理算式就会发现，它实际上就是一个简单的运算题啦。

 答案　12 367 人

IQ 110　目标时间：30分钟

按战斗力给精灵分组

以前流行一款在大街上捕捉精灵的手机游戏。在游戏中，玩家通过将一部分精灵送给"博士"来防止能够收集的精灵超过上限。我们根据这一点来思考下面的问题。

在给收集的精灵分组时，如果无论怎么分它们的战斗力之和都不会出现相等的情况，就要将所有的精灵送给"博士"。

假设精灵的战斗力值如下所示，那么无论怎样分组，它们的战斗力之和都不相等。

[10, 20, 35, 40]

但是，如果精灵的战斗力值是下面这样的，那么分组后精灵的战斗力之和就会出现相等的情况。

[15, 18, 24, 33]（※第1组为15、18，第2组为33）

问题

假设有 4 个精灵，战斗力的最大值为 50，那么需要将所有精灵送给"博士"的组合方式一共有多少种？

例如，当有 4 个精灵，战斗力的最大值为 8 时，有下面 10 种组合方式。

[1, 2, 4, 8], [1, 4, 6, 8], [2, 3, 4, 8], [2, 4, 5, 8], [2, 4, 7, 8]

[3, 4, 6, 8], [3, 5, 6, 7], [3, 6, 7, 8], [4, 5, 6, 8], [4, 6, 7, 8]

这道题的关键在于如何表示分组后精灵的战斗力之和相等。

如果用全局搜索，处理起来就比较花时间。想一想有没有什么方法可以优化求和运算。

思路

从战斗力最小的精灵开始依次分组，如果不存在各小组的战斗力之和相等的情况，就选取相应的精灵。这里的问题是，用什么方法调查各小组的战斗力之和是否相等。

如果在战斗力的最大值是50的情况下选4个精灵，求每个精灵会分到哪一小组，那么因为有$4^4=256$个小组，所以一共有$C_{50}^4 \times 256 = 58\ 956\ 800$种组合方式。这没法进行全局搜索啊。

只选4个精灵，就有$C_{50}^4 = 230\ 300$种组合方式……这个数要是精简不了，那处理起来还是很麻烦的。

我给点提示吧。如果选了3个精灵后出现了各小组的战斗力之和相等的情况，就没有必要再选第4个了。

在不断增加精灵的同时确认各小组的战斗力之和，就能减少搜索量了。另外，在确认各小组的战斗力之和时，不难发现可以用比特序列的方式表示合计值。

以前面提到的"1、4、6、8"为例，按 图3.18 的方式给比特位赋值后，能看到没有哪一组的和与其他组相等。

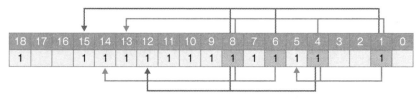

图3.18　通过比特值确认和是否相等

具体请参考代码清单 50.01 和代码清单 50.02。

```
代码清单50.01（q50_1.rb）

M, N = 50, 4

def search(n, prev, used)
  return 1 if n == 0
  cnt = 0
  prev.upto(M) do |i|
    if (used & (used << i)) == 0
```

```
        cnt += search(n - 1, i + 1, used | (used << i))
      end
  end
  cnt
end

puts search(N, 1, 1)
```

代码清单50.02（q50_1.js）

```
M = 50;
N = 4;

function search(n, prev, used){
  if (n == 0) return 1;
  var cnt = 0;
  for (var i = prev; i <= M; i++)
    if ((used & (used << i)) == 0)
      cnt += search(n - 1, i + 1, used | (used << i));
  return cnt;
}

console.log(search(N, 1, 1));
```

使用这种方法，Ruby 总能得到正确的结果。但战斗力的数值一旦变大，我们就没有办法通过 JavaScript 得到正确的结果了。

是的。JavaScript 中没法处理超过 32 位整数的位运算，这一点需要我们注意。

为了能在其他编程语言中具备良好的可扩展性，我们试着用数组代替比特序列。通过把用过的战斗力的数值添加到数组中来确认是否存在战斗力之和相等的情况，这部分处理可以参考代码清单 50.03 和代码清单 50.04 实现。

代码清单50.03（q50_2.rb）

```
M, N = 50, 4

def search(n, prev, used)
  return 1 if n == 0
  cnt = 0
  prev.upto(M) do |i|
    u = ([0] + used).map{|u| u + i}
    if (used & u).length == 0
      cnt += search(n - 1, i + 1, used + u)
```

```
      end
   end
   cnt
end

puts search(N, 1, [])
```

代码清单 50.04（q50_2.js）

```
M = 50;
N = 4;

function check(used, x){
  var result = [];
  var temp = used.concat([0]);
  for (var i = 0; i < temp.length; i++){
    if (temp.indexOf(temp[i] + x) < 0)
      result.push(temp[i] + x);
    else
      return null;
    result.push(temp[i]);
  }
  return result;
}

function search(n, prev, used){
  if (n == 0) return 1;
  var cnt = 0;
  for (var i = prev; i <= M; i++){
    var next_used = check(used, i);
    if (next_used){
      cnt += search(n - 1, i + 1, next_used);
    }
  }
  return cnt;
}

console.log(search(N, 1, []));
```

 在使用这种方法时也一样，在 Ruby 中可以使用数组的 AND 运算，简单几步就能搞定。

 而像 JavaScript 那样实现的话，可以轻松扩展到其他语言。

 答案　191 228 种

Q51

IQ 110 | **目标时间：30分钟**

用位置相邻的数字构成平方数

我们以 16 位的信用卡卡号为例来思考，如果从中连续取出几个数字，会发现这些数字的积是平方数。

例如，16 位的数中如果有 4，则取这个数，它本身就是一个平方数；如果有 28（即 2 和 8 相邻），那么因为 2×8=16，所以也能构成平方数；如果有 2323 这样的组合，那么因为 2×3×2×3=36，所以也能构成平方数（图 3.19）。

<table>
<tr><td>2</td><td>4</td><td>7</td><td>7</td><td>6</td><td>5</td><td>3</td><td>7</td><td>2</td><td>8</td><td>3</td><td>5</td><td>2</td><td>3</td><td>2</td><td>3</td></tr>
</table>

图 3.19 16 位数与平方数的例子

当平方数指定为 n 时，像上面那样连续取几个数字，使它们的积为 n，那么在满足该条件的组合中，要用上所有选取的数才能构成平方数的组合一共有多少种？

比如，当 $n=16$ 时，"44"中的任意一个数字都是平方数；在"2222"中任意取 2 位就能构成平方数，剩下的还有"28"和"82"这两种组合方式。

问题

当 $n=1\,587\,600$ 时，连续取几个数，使它们的积为 $1\,587\,600$，那么在满足该条件的组合中，要用上所有选取的数才能构成平方数的组合一共有多少种？

1、4、9 本身就是平方数，所以不用考虑包含这些数字的组合了，对吧？

是的。考虑其他数字的积就可以了。

思路

就像前面提到的那样，1、4、9本身就是平方数。换句话说，如果选取的多个数字中包含平方数，就不符合题意了。因此，我们要先去掉这些数字，然后对于给定的平方数 n，思考如何由多个数字的积构成 n。

因为多个相同的数字相邻一定会构成平方数，所以我们要思考如何避免出现前面当 $n=16$ 时的"2222"这样的取数方式。不过，即便不连续出现，我们也还是偶尔会碰到由一部分数字就能构成平方数的情况。

不连续出现也能构成平方数吗？

当然，当 $n=16$ 时的"28"就是其中一个示例。还有当 $n=144$ 时的"3283"，其中的"28"也能构成平方数。

我们需要确认选取的数字序列中，是否存在平方数。

首先，去掉1、4、9，判断1 587 600能否被2、3、5、6、7、8这些数整除。如果能整除，则反复执行该操作来取数。如果执行到最后都能被这些数整除，就构成了平方数。反复取数的处理可以通过对商进行递归处理来实现。

接下来，一位一位地取数并判断取数后是否产生了平方数（代码清单51.01和代码清单51.02）。

```
代码清单51.01（q51_1.rb）

N = 1587600

# 判断执行过程中是否产生了平方数
def has_square(used)
  result = false
  value = 1
  used.each do |i|
    value *= i
    sqr = Math.sqrt(value).floor
    if value == sqr * sqr
      result = true
      break
    end
  end
  result
end
```

```
# 一位一位地取数
def seq(remain, used)
  rcturn 1 if remain <= 1
  cnt = 0
  [2, 3, 5, 6, 7, 8].each do |i|
    if remain % i == 0
      # 取出能整除的数，若执行过程中没有形成平方数，则添加
      cnt += seq(remain / i, [i] + used) if !has_square(used)
    end
  end
  cnt
end

puts seq(N, [])
```

代码清单51.02（q51_1.js）

```
N = 1587600;

// 判断执行过程中是否产生了平方数
function has_square(used){
  var result = false;
  var value = 1;
  for (var i = 0; i < used.length; i++){
    value *= used[i];
    var sqr = Math.floor(Math.sqrt(value));
    if (value == sqr * sqr){
      result = true;
      break;
    }
  }
  return result;
}

// 一位一位地取数
function seq(remain, used){
  if (remain <= 1) return 1;
  var cnt = 0;
  var keta = [2, 3, 5, 6, 7, 8];
  for (var i = 0; i < keta.length; i++){
    if (remain % keta[i] == 0){
      // 取出能整除的数，若执行过程中没有形成平方数，则添加
      if (!has_square(used)){
        cnt += seq(remain / keta[i], [keta[i]].concat(used));
      }
    }
  }
  return cnt;
}

console.log(seq(N, []));
```

在一位一位地取数时，为什么要把取出的数添加到使用过的数组的开头呢？

这是为了从前往后依次判断在不使用所有数的情况下是否存在平方数。

当然，也可以把取出的数添加到数组的末尾，从后往前进行判断。

　　这里我们来做一些优化。分解质因数的方法对平方数的判定特别有效。换句话说，分解质因数后，如果它的指数部分不是偶数，就不可能出现平方数。例如，对 36 分解质因数后为 $36=2^2×3^2$，它的指数部分都是偶数。

　　在本题中，分解质因数后得到的基数只有 2、3、5、7。因此，用位表示这 4 个数后，用乘法进行位反转就能判断奇偶了。反复执行这部分处理，如果所有的位都是 0，就可以判断相应的数为平方数。

　　这里，如果把 2 的倍数分给最后 1 个位，把 3 的倍数分给倒数第 2 个位，把 5 的倍数分给倒数第 3 个位，把 7 的倍数分给最高的位，那么前面示例中当 $n=144$ 时的 "3283" 就可以像下面这样进行位反转。

　　「0000」→「0010」→「0011」→「0010」→「0000」

　　如果在执行过程中出现所有位都为 0 的情况，则表示在不使用所有数的情况下也可以构成平方数。这部分逻辑可以通过代码清单 51.03 和代码清单51.04 实现。

代码清单 51.03（q51_2.rb）

```
N = 1587600

@bit = {2 => 0b0001, 3 => 0b0010, 5 => 0b0100,
        6 => 0b0011, 7 => 0b1000, 8 => 0b0001}
# 一位一位地取数
def seq(remain, used)
  return 1 if remain <= 1
  cnt = 0
  @bit.each do |i, v|
    if (remain % i == 0) && (used.index(0) == nil)
      # 取出能整除的数，若执行过程中没有形成平方数，则添加
      cnt += seq(remain / i, [v] + used.map{|j| j ^ v})
    end
  end
  cnt
```

```
end

puts seq(N, [])
```

代码清单51.04（q51_2.js）

```
N = 1587600;

var bit = {2: 0b0001, 3: 0b0010, 5: 0b0100,
           6: 0b0011, 7: 0b1000, 8: 0b0001};

// 一位一位地取数
function seq(remain, used){
  if (remain <= 1) return 1;
  var cnt = 0;
  for (var i in bit){
    if ((remain % i == 0) && (used.indexOf(0) < 0)){
      // 取出能整除的数，若执行过程中没有形成平方数，则添加
      var used_map = used.map(function(j){ return j ^ bit[i]});
      cnt += seq(remain / i, [bit[i]].concat(used_map));
    }
  }
  return cnt;
}

console.log(seq(N, []));
```

哇！代码量立马减少了。

连判断处理中的循环都去掉了，大大提升了处理速度。

如果能根据所求内容的特征优化数据结构，算法就会变得更简单！

答案 16 892 种

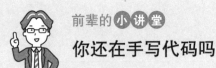

你还在手写代码吗

最近很多人在用文本编辑器，可以用颜色区分程序中的保留字。虽然只是变了一下颜色，但是增加了可读性。对于书中无法用颜色区分代码这一点，笔者也甚是无奈。

在喜欢编程和数学的人中，有不少人会在意字体。如果代码不用等宽字体，读起来就很费劲。例如 0 和 O（零和字母 O），1、l 和 I（数字 1、L 的小写和 i 的大写）等，用特定的字体就很容易区分。

在手写代码的年代，为了区分"0"和"O"，有时会采用 图 3.20 中的写法。

数字 0

字母 O

图 3.20　在手写的情况下区分数字零和字母 O

当然，这种写法会有一种年代感。最近，很少有人直接手写代码了。即使在大学课堂中，用的也是计算机，有些人已经不习惯用纸质笔记本记东西了。

其实，过去还用过一种叫作"编码纸"的纸张。先用手写的方式写好代码，然后由操作员输到计算机里，这时避免出错尤为重要。

最近，很多人习惯用编辑器的自动补全功能，不再记方法名了。不过，尝试一下手写代码，说不定会有新的发现。

IQ 110   目标时间：30分钟

玩转俄罗斯套娃

假设有 n 个大小在 $1 \sim n$ 的俄罗斯套娃。大套娃里可以装小套娃。我们把不同尺寸的套娃排成一列。

如果用最外层套娃的尺寸来表示当 $n=4$ 时的排列方式，那么如下所示有 8 种排列组合。

4   ←   所有的套娃嵌套装入

4 3

4 2

4 1

4 3 2

4 3 1

4 2 1

4 3 2 1   ←   所有的套娃单独排列

我们来思考在不同的排列组合中，内部的套娃一共有多少种放置方式。例如当 $n=4$ 时，在 "43" 的组合中，1 和 2 的组合方式如 图 3.21 所示，一共有 4 种，这是内部套娃的最大组合数。

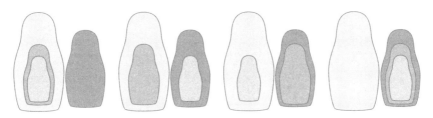

图 3.21   当 $n=4$ 时组合 "43" 内部的放置方式

问题

思考当 $n=16$ 时套娃的排列组合，求内部的套娃组合数的最大值。

思路

根据题意，我们可以分以下两步来思考：

(1)用放置在外面的套娃来分析一共有多少种排列组合；
(2)每一种组合中内部的套娃一共有多少种组合。

首先，对于步骤 (1)，当 $n=4$ 时，如果放置在外面的套娃只有 1 个，那么放置在外面的套娃的组合数为 1；如果有 2 个，那么组合数为 3；如果有 3 个，那么组合数为 3；如果有 4 个，那么组合数为 1。这就是一个简单的二项式系数之和。换句话说，放置在外面的套娃的组合一共有 2^{n-1} 种。

当 n 是 16 时就有 $2^{15}=32\ 768$ 种了，这要怎么计算啊？

步骤 (2) 的组合数会随着外部套娃的不同而发生变化。

在外部套娃的组合数定下来后，搜索剩下要装入的套娃就能求解了。

考虑到内部的套娃和外部的套娃的组合方式，我们可以通过乘法运算求解。具体实现如代码清单 52.01 和代码清单 52.02 所示。

```
代码清单 52.01 (q52_1.rb)

N = 16

def search(used, remain)
  max = 0
  if remain.length > 0
    inside = remain.map{|i| used.select{|j| i < j}.count}
    max = inside.inject(:*)
  end
  remain.each do |i|
    if used[-1] > i
      max = [max, search(used + [i], remain - [i])].max
    end
  end
  max
end

puts search([N], (1..(N - 1)).to_a)
```

代码清单 52.02（q52_1.js）

```
N = 16;

function search(used, remain){
  var max = 0;
  if (remain.length > 0){
    max = 1;
    for (var i = 0; i < remain.length; i++){
      var cnt = 0;
      for (var j = 0; j < used.length; j++){
        if (remain[i] < used[j]) cnt++;
      }
      max *= cnt;
    }
  }
  for (var i = 0; i < remain.length; i++){
    if (used[used.length - 1] > remain[i]){
      used.push(remain[i]);
      remain.splice(i, 1);
      max = Math.max(max, search(used, remain));
      remain.splice(i, 0, used[used.length - 1]);
      used.pop();
    }
  }
  return max;
}

var remain = new Array();
for (var i = 1; i < N; i++){
  remain.push(i);
}
console.log(search([N], remain));
```

没想到内部套娃的组合数居然可以用乘法运算求出来。

不过，n 一旦变大，处理起来就会比较耗时。

因为只能由大套娃来装小套娃，所以要想增加内部套娃的组合数，放置在外面的套娃越多越好。

拿前文示例来说，如果把 3 放入 4 中，2 和 1 就只能放进 3 里。如果把 3 从 4 中拿出来单独放置，那么 2 和 1 既可以放入 4 中，也可以放入 3 中。

确实是这样。但是，如果所有的套娃都单独排列，就没有可以放到内部的套娃了。所以要把握好这个度。

如果放置在外面的都是一些大尺寸的套娃，就可以用重复序列的方式计算放入内部的套娃有多少种组合了。

是的。剩下的套娃放在哪一个套娃里都可以。

假设按从大到小的顺序选 k 个套娃作为放在外面的套娃，则剩下的 $n-k$ 个套娃就要放在里面。换句话说，只要思考把 $n-k$ 个套娃放到 k 个套娃里的组合数就可以了，即 k^{n-k} 种组合。

具体实现如代码清单 52.03 和代码清单 52.04 所示。

代码清单52.03（q52_2.rb）

```ruby
N = 16

max = 0
1.upto(N) do |i|
  max = [max, i ** (N - i)].max
end

puts max
```

代码清单52.04（q52_2.js）

```javascript
N = 16;

var max = 0;
for (var i = 1; i <= N; i++){
  max = Math.max(max, Math.pow(i, N - i));
}

console.log(max);
```

 60 466 176 种

Q53 运送重量为质数的货物

如果住的是公寓，搬家时有一个麻烦，那就是等电梯。在搬运大量行李时，要尽可能高效地装东西。每次装下足够多的东西，才能减少上下电梯的次数。

由于每部电梯都有载重限制，所以每次装的行李的重量都要有一个上限。在本题中，搬家公司的职员会把行李打包成一个个重量为质数的包裹，按从小到大的顺序搬运。而且，他们会想尽办法将包裹分别打包成重量小于 n 的不同质数。

例如，当 $n=20$ 时，行李会被打包成重量为 2、3、5、7、11、13、17、19 的包裹。如果电梯的载重限额为 30，那么如 表3.4 所示分成 3 次搬运，则这些包裹正好能搬运完。

表3.4 当 $n=20$ 时

	第1次	第2次	第3次
包裹	2、3、5、7、11	13、17	19
合计	28	30	19

问题

当 $n=10\ 000$ 时，要想以 500 次正好搬完，电梯的载重限额最小需要是多少？

得先思考如何才能生成质数。

本题中最大的数是 10 000，用简单的方法就能求出质数呢。

试着思考一下如何才能快速求出载重限额的最小值。

思路

首先要生成质数。Ruby 这类编程语言中会提供依次取质数的函数，而在 JavaScript 这类编程语言中只能通过编码生成质数。

质数是"除 1 和它本身以外不再有其他因数的自然数"，而且 1 不属于质数。虽然有很多方法可以生成质数，比如埃拉托色尼筛选法[①] 等，但是比较简单的方法是从 2 开始依次进行除法运算，如果没有可以整除的数，就认为该数为质数。

 以 13 为例，用 2、3、4、…来除以它，由于没有能够整除的数，所以它是质数。

 没错。例如 18 这个数能被 2 或 3 整除，所以它不是质数。

 关于除数，只查找到被除数的平方根就可以了。例如，对于 18 这个数，就不用看它能不能被 6 或 9 整除。

因为是按从小到大的顺序搬运包裹，所以只要没到电梯载重的上限，就能一直往电梯里放包裹。一旦到了载重的上限，就得等下一趟电梯了。

因此，我们需要一边依次改变载重的限额，一边搜索可以正好用电梯搬运 500 次的情况。考虑到求的是最小限额，所以可以按从小到大的顺序搜索。但是，如果搜索范围变大，处理起来就比较花时间了。

 说到 10 000 以内的质数，如果考虑它们的和，搜索量至少是百万级。

 如果提高载重限额，搬运次数就会线性递减。

 在线性变化的情况下，可以用二叉树查找。

最开始，我们将搜索范围定为 0～"所有质数之和"。在使用二叉树查找的情况下，可以先计算中间值，然后分析是否可以按目标次数搬运完。

---

① 埃拉托色尼筛选法简称埃氏筛法，是古希腊数学家埃拉托色尼提出的一种筛选法。——译者注

如果搬运次数比目标次数多，就要改变范围左边的值以增加载重的限额。相反，如果搬运次数比目标次数少，就要改变范围右边的值以减少载重的限额。

反复执行上述处理，直到确定载重限额的范围。具体实现如代码清单53.01 和代码清单 53.02 所示。

代码清单 53.01（q53.rb）

```ruby
require 'prime'

W, N = 500, 10000

primes = Prime.each(N).to_a

left, right = 0, primes.inject(:+)

while left + 1 < right do
  mid = (left + right) / 2
  cnt = 1
  weight = 0
  primes.each do |i|
    if weight + i < mid
      weight += i
    else
      weight = i
      cnt += 1
    end
  end
  if W >= cnt
    right = mid
  else
    left = mid
  end
end
puts left
```

代码清单 53.02（q53.js）

```javascript
W = 500;
N = 10000;

primes = [];
for (var i = 2; i < N; i++){
  var flag = true;
  for (var j = 2; j * j <= i; j++){
    if (i % j == 0){
      flag = false;
      break;
    }
  }
```

```
  if (flag) primes.push(i);
}

var left = 0;
var right = 0;
for (var i = 0; i < primes.length; i++){
  right += primes[i];
}

while (left + 1 < right){
  var mid = Math.floor((left + right) / 2);
  var cnt = 1;
  var weight = 0;
  for (var i = 0; i < primes.length; i++){
    if (weight + primes[i] < mid){
      weight += primes[i];
    } else {
      weight = primes[i];
      cnt++;
    }
  }
  if (W >= cnt){
    right = mid;
  } else {
    left = mid;
  }
}
console.log(left);
```

虽然 10 000 以内的质数之和超过了 500 万，但只要循环 23 次就能求解了。

二叉树查找还能这么用啊！

二叉树查找不仅用于在数组中搜索某个值，还常常用于搜索满足一定条件的最大值或最小值。

 答案 15 784

Q54 用天平称重

我们思考一下用天平称砝码重量的情形。不过，本题中砝码重量的数值都是质数。

假设有两个正整数 m 和 n，还有重量为小于 m 的所有质数的砝码，那么一共有多少种方法可以称 n 克的重量？

例如，将要称重的物体放在天平的左边（ 图 3.22 ），当 $m=10$、$n=2$ 时，重量为 2、3、5、7 的砝码各有 1 个，天平左右两边放置的砝码如 表 3.5 所示，一共有 4 种组合。

表3.5　当 $m=10$、$n=2$ 时

左边	右边
无	2
3	5
5	7
2、3	7

图3.22　天平

问题

当 $m=50$、$n=5$ 时，一共有多少种称重方法？

思路

　　只有当左右两边托盘中的物体重量相等时，天平才能保持平衡。这时，并不是所有的砝码都会用上，所以每一个砝码都有如下 3 种可能。

　　(1)放置在左边的托盘中；
　　(2)放置在右边的托盘中；
　　(3)不放置在任何一个托盘中。

50 以内的质数有 15 个，一共有 $3^{15}=14\ 348\ 907$ 种组合，处理起来可能比较花时间。

也许可以对调查过的结果进行内存化……

　　先尝试把砝码一个个放到两边的托盘中，然后计算令左右两边相等的组合数。这部分内容如果用递归和内存化的方式处理，就是代码清单 54.01 和代码清单 54.02 这样。

代码清单54.01（q54_1.rb）

```
require 'prime'

M, N = 50, 5
# 生成小于M的质数表
@primes = Prime.each(M).to_a

@memo = {}
def search(remain, l, r)
  return @memo[[remain, l, r]] if @memo[[remain, l, r]]
  return (l == r)?1:0 if remain == 0

  cnt = 0
  use = @primes[remain - 1]
  cnt += search(remain - 1, l + use, r) # 左边的托盘
  cnt += search(remain - 1, l, r + use) # 右边的托盘
  cnt += search(remain - 1, l, r)       # 两边都不放
  @memo[[remain, l, r]] = cnt
end

puts search(@primes.size, N, 0)
```

代码清单54.02（q54_1.js）

```
M = 50;
N = 5;
```

```
// 生成小于M的质数表
var primes = [];
for (var i = 2; i < M; i++){
  var is_prime = true;
  for (var j = 2; j <= Math.sqrt(i); j++)
    if (i % j == 0){ is_prime = false; break;}
  if (is_prime) primes.push(i);
}

var memo = {};
function search(remain, l, r){
  if (memo[[remain, l, r]]) return memo[[remain, l, r]];
  if (remain == 0) return (l == r)?1:0;

  var cnt = 0;
  var use = primes[remain - 1];
  cnt += search(remain - 1, l + use, r); // 左边的托盘
  cnt += search(remain - 1, l, r + use); // 右边的托盘
  cnt += search(remain - 1, l, r);       // 两边都不放
  return memo[[remain, l, r]] = cnt;
}

console.log(search(primes.length, N, 0));
```

如果只有 15 个左右的砝码，总能想出办法求解。话说，还能进一步优化吧？

如果用上面这种方法，砝码数量的增加会导致搜索时间急剧增加。想一想，我们是否有必要维持左右两边托盘的平衡呢？

如果把关注点放到 2 个托盘的 "差" 上，这道题就变成了使两边的差为 0。因此，如代码清单 54.03 和代码清单 54.04 所示，我们可以把 "左右两边的差" 和 "已用砝码" 作为参数来处理。

代码清单 54.03（q54_2.rb）

```
require 'prime'

M, N = 50, 5
# 生成小于M的质数表
@primes = Prime.each(M).to_a

@memo = {}
def search(n, i)
  return @memo[[n, i]] if @memo[[n, i]]
  return (n == 0)?1:0 if i == @primes.size
  use = @primes[i]
  cnt = 0
```

```
    cnt += search(n + use, i + 1)        # 左边的托盘
    cnt += search((n - use).abs, i + 1)  # 右边的托盘
    cnt += search(n, i + 1)              # 两边都不放
    @memo[[n, i]] = cnt
  end

  puts search(N, 0)
```

代码清单54.04（q54_2.js）

```
M = 50;
N = 5;

// 生成小于M的质数表
var primes = [];
for (var i = 2; i < M; i++){
  var is_prime = true;
  for (var j = 2; j <= Math.sqrt(i); j++)
    if (i % j == 0){ is_prime = false; break;}
  if (is_prime) primes.push(i);
}

var memo = {};
function search(n, i){
  if (memo[[n, i]]) return memo[[n, i]];
  if (i == primes.length) return (n == 0)?1:0;
  var use = primes[i];
  var cnt = 0;
  cnt += search(n + use, i + 1);        // 左边的托盘
  cnt += search(Math.abs(n - use), i + 1); // 右边的托盘
  cnt += search(n, i + 1);              // 两边都不放
  return memo[[n, i]] = cnt;
}

console.log(search(N, 0));
```

原来如此！这道题的思路和 Q26 的一样。

这样一来，即便是 100 以内的质数也能瞬间求解。

答案 66 588 种

假设有一个横向为 w 格、纵向为 h 格的正方形，格子的颜色为白色或黑色。任选一个格子，就能对它，以及它上下左右的格子的颜色进行翻转。

假设这类翻转操作会一直进行，直到所有格子颜色相同。例如，当 $w=4$、$h=4$ 时，如 图 3.23 所示选择格子（初始设置见左起第 1 张图），翻转 3 次，就能让所有格子变成白色。

但是，如果初始设置像 图 2.23 最右边的图那样，那么不管选择哪个格子、翻转多少次，都不可能使所有格子同色。

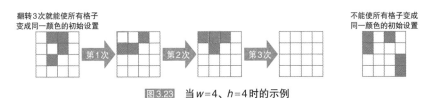

翻转3次就能使所有格子
变成同一颜色的初始设置
　第1次　第2次　第3次
不能使所有格子变成
同一颜色的初始设置

图 3.23　当 $w=4$、$h=4$ 时的示例

对于能够翻转为同色的初始设置，这道题只考虑翻转为同色的最少步骤。例如，在 $w=4$、$h=4$ 的情况下，最多翻转 6 次就能让所有格子变为同一颜色。

问题

思考当 $w=6$、$h=3$ 时的所有初始设置，每个初始设置都按最少的步骤完成翻转，那么翻转次数的最大值是多少？

如果用循环实现上下左右的翻转处理，处理时间可能比较长。

Hint!

格子数较少，我们可以用位运算，这一点很重要。

虽然通过分析所有的初始设置，可以求出符合题意的格子翻转次数，但想要调查在哪种设置下格子翻转为同一种颜色所用的步骤最少，就有点麻烦了。这里我们可以逆向思考，试着从所有格子为同一种颜色的状态开始反向推理。

这时，可以通过广度优先搜索反复进行翻转，直到出现一个新的设置，这样一来就能求出"所有格子翻转为同一种颜色的最少步骤"了。

逆向思考指的是从"全部为白色"或者"全部为黑色"开始搜索，对吧？

对。同样的位置如果翻转2次，就会恢复到翻转之前的状态，是吧？

是的。同一个格子没有必要多次翻转，翻转格子时也不分先后顺序。

如果从左上角开始依次翻转，就不用在意翻转的顺序了。当然，在出现已经确认过可以将格子翻转为同一种颜色的初始设置时，则表示还可以用不同的步骤将格子翻转为同一种颜色。

本题中 $w \times h$ 的值较小，所以可以考虑用比特序列的方式表示，从而用位运算进行翻转处理。例如，本题示例部分的初始设置可以用由表示白色的 0 和表示黑色的 1 组成的比特序列来表示，即表示为 0110001001000000 （ 图 3.24 ）。

图3.24 按从左上角到右下角的顺序用比特序列表示初始设置

先为所有格子准备一个翻转的掩码，然后按顺序进行广度优先搜索，直到搜索完所有设置。具体实现如代码清单 55.01 和代码清单 55.02 所示。

代码清单 55.01（q55.rb）

```ruby
W, H = 6, 3

# 生成翻转的掩码
mask = []
H.times do |h|
  W.times do |w|
    # 翻转对象为中心和上下左右的格子
    pos = 1 << (w + h * W)
    pos |= 1 << (w - 1 + h * W) if w > 0
    pos |= 1 << (w + 1 + h * W) if w < W - 1
    pos |= 1 << (w + (h - 1) * W) if h > 0
    pos |= 1 << (w + (h + 1) * W) if h < H - 1
    mask.push(pos)
  end
end

# 确认过的设置和翻转次数
checked = {0 => 0, (1 << (W * H)) - 1 => 0}
# 从全白或全黑开始
queue = [0, (1 << (W * H)) - 1]
n = 0
while !queue.empty? do
  temp = []
  queue.each do |i|
    mask.each do |j| # 搜索所有的位置
      if !checked[i ^ j]
        # 如果是未确认的设置，则添加为下一个要确认的对象
        temp.push(i ^ j)
        checked[i ^ j] = n
      end
    end
  end
  queue = temp
  n += 1
end
puts n - 1
```

代码清单 55.02（q55.js）

```javascript
W = 6;
H = 3;

// 生成翻转的掩码
var mask = [];
for (var h = 0; h < H; h++){
  for (var w = 0; w < W; w++){
    // 翻转对象为中心和上下左右的格子
    var pos = 1 << (w + h * W);
    if (w > 0) pos |= 1 << (w - 1 + h * W);
    if (w < W - 1) pos |= 1 << (w + 1 + h * W);
    if (h > 0) pos |= 1 << (w + (h - 1) * W);
```

```
    if (h < H - 1) pos |= 1 << (w + (h + 1) * W);
    mask.push(pos);
  }
}

// 确认过的设置和翻转次数
var checked = {};
[checked[0], checked[(1 << (W * H)) - 1]] = [0, 0];
// 从全白或者全黑开始
var queue = [0, (1 << (W * H)) - 1];
var n = 0;
while (queue.length > 0){
  var temp = [];
  for (var i = 0; i < queue.length; i++){
    for (var j = 0; j < mask.length; j++){
      // 搜索所有的位置
      if (!checked[queue[i] ^ mask[j]]){
        // 如果是未确认的设置，则添加为下一个要确认的对象
        temp.push(queue[i] ^ mask[j]);
        checked[queue[i] ^ mask[j]] = n;
      }
    }
  }
  queue = temp;
  n++;
}
console.log(n - 1);
```

 因为一开始就预设了掩码，所以进行 XOR 运算就能实现翻转。

 为什么输出时 n 要减去 1 呢？

 因为广度优先搜索会在搜索键值用完后结束搜索，所以在结束时要在循环处理的最后给 n 加上 1。

 答案　　13 次

指定次数的猜拳游戏 2

假设有 m 人参加猜拳游戏。每次猜拳后留下获胜的选手，淘汰失败的选手。比赛 n 次后，正好有 1 人获胜的出拳方式一共有多少种？当然，平局也算 1 次出拳。

本题忽略选手个人，只计算出拳方式一共有多少种。换句话说，当 $m=3$ 时，以下 3 种情形只会算作 1 种。

- A 出"布"、B 和 C 出"石头"的情形
- B 出"布"、A 和 C 出"石头"的情形
- C 出"布"、A 和 B 出"石头"的情形

当 $m=3$、$n=2$ 时，如 表3.6 所示，因为

- 第 1 次平局，第 2 次有 1 人获胜 … 4 种 ×3 种 =12 种
- 第 1 次有 2 人胜出，第 2 次有 1 人获胜 … 3 种 ×3 种 =9 种

所以一共有 21 种方式。

表3.6 当 $m=3$、$n=2$ 时

第 1 次平局	石头·石头·石头 剪刀·剪刀·剪刀 布·布·布 石头·剪刀·布
然后，第 2 次有 1 人获胜	石头·剪刀·剪刀 剪刀·布·布 布·石头·石头
第 1 次有 2 人获胜	石头·石头·剪刀 剪刀·剪刀·布 布·布·石头
然后，第 2 次有 1 人获胜	石头·剪刀 剪刀·布 布·石头

问题

当 $m=10$、$n=6$ 时，一共有多少种出拳方式？

思路

在最终只有 1 人获胜的出拳方式中，最容易理解的就是 1 次定输赢的情形。这种情形一共有 3 种不同的情况，分别为"1 位选手出'布'，剩余的人出'石头'""1 位选手出'剪刀'，剩余的人出'布'"和"1 位选手出'石头'，剩余的人出'剪刀'"。

除去上面这类情形，剩下的选手之间需要反复进行猜拳，直到决出胜负。换句话说，可以一边改变人数和猜拳次数，一边递归求解。例如，有一部分人同时胜出，就可以减少要遍历的人数和次数。

最难的是平局的时候该如何处理。

平局也分许多种情况。除了所有人出拳相同的情况，还有石头、剪刀、布都出来的情况。

只有剩余人数大于等于 3 人，才会出现石头、剪刀和布都出来的情形。这时，剪刀、石头和布都至少要有 1 个人出，而剩下的人出什么都无所谓。这里可以用 Q01 中出现过的重复组合的方法。从 n 个种类里选取可以重复的 r 个数的结果可以用下面的式子表示。

$$H_n^r = C_{n+r-1}^r$$

在使用上面的式子求解的情况下，我们可以参考代码清单 56.01 和代码清单 56.02 实现。

代码清单 56.01（q56_1.rb）

```
M, N = 10, 6

@memo = {}
def nCr(n, r)
  return @memo[[n, r]] if @memo[[n, r]]
  return 1 if (r == 0) || (r == n)
  @memo[[n, r]] = nCr(n - 1, r - 1) + nCr(n - 1, r)
end

# 重复组合
def nHr(n, r)
  nCr(n + r - 1, r)
end

def draw(n)
```

```
   cnt = 3 # 所有人出一样的手势（都出 "石头"，都出 "布"，都出 "剪刀"）
   # 石头、剪刀、布各有1人出，剩下的累加
   cnt += nHr(3, n - 3) if n >= 3
   cnt
end

def check(m, n)
   # 出1次拳就胜出的有3种情形，分别是出 "石头" 的胜出、出 "剪刀" 的胜出和出
     "布" 的胜出
   return 3 if n == 1
   cnt = draw(m) * check(m, n - 1)
   2.upto(m - 1) do |i| # 胜出的人数
     cnt += 3 * check(i, n - 1)
   end
   cnt
end

puts check(M, N)
```

代码清单56.02（q56_1.js）

```
M = 10;
N = 6;

var memo = {};
function nCr(n, r){
   if (memo[[n, r]]) return memo[[n, r]];
   if ((r == 0) || (r == n)) return 1;
   return memo[[n, r]] = nCr(n - 1, r - 1) + nCr(n - 1, r);
}

// 重复组合
function nHr(n, r){
   return nCr(n + r - 1, r);
}

function draw(n){
   var cnt = 3; // 所有人出一样的手势（都出 "石头"，都出 "布"，都出 "剪刀"）
   // 石头、剪刀、布各有1人出，剩下的累加
   if (n >= 3) cnt += nHr(3, n - 3);
   return cnt;
}

function check(m, n){
   // 出1次拳就胜出的有3种情形，分别是出 "石头" 的胜出、出 "剪刀" 的胜出和
     出 "布" 的胜出
   if (n == 1) return 3;
   var cnt = draw(m) * check(m, n - 1);
   for (var i = 2; i < m; i++){ // 胜出的人数
     cnt += 3 * check(i, n - 1);
   }
   return cnt;
}

console.log(check(M, N));
```

简化条件后就更容易理解了。当然这还不是最优的实现方式，我们再稍微整理一下看看。

对上面出现的式子进行整理，则可简化成下面这样。

$$H_3^{n-3} = C_{3+(n-3)-1}^{n-1} = C_{n-1}^{n-3} = C_{n-1}^2$$

C_{n-1}^2 用 $(n-1) \times (n-2)/2$ 就能求出来，具体实现如代码清单 56.03 和代码清单 56.04 所示。

代码清单 56.03（q56_2.rb）

```ruby
M, N = 10, 6

def check(m, n)
  return 3 if n == 1
  # 平局时如果所有人都出一样的拳，则一共有m-1C2种出拳方式
  cnt = (3 + (m - 1) * (m - 2) / 2) * check(m, n - 1)
  2.upto(m - 1) do |i| # 胜出的人数
    cnt += 3 * check(i, n - 1)
  end
  cnt
end

puts check(M, N)
```

代码清单 56.04（q56_2.js）

```javascript
M = 10;
N = 6;

function check(m, n){
  if (n == 1) return 3;
  // 平局时如果所有人都出一样的拳，则一共有m-1C2种出拳方式
  var cnt = (3 + (m - 1) * (m - 2) / 2) * check(m, n - 1);
  for (var i = 2; i < m; i++){ // 胜出的人数
    cnt += 3 * check(i, n - 1);
  }
  return cnt;
}

console.log(check(M, N));
```

 答案 689 149 485 种

Q57 车站的设置方式

在乘坐轨道交通出行时，如果路程比较远，就不会选择每站都停的普通列车，而会选择特快列车（简称特快）或者快速列车（简称快车）。本题要思考的就是该如何设置特快和快车的车站。

为了简单起见，我们只考虑 1 条线路。本题中不考虑环线的情况，特快和快车都会在始发站和终点站停车。此外，快车也必须在特快的停车站停靠。

假设一共有 n 个车站，其中有 a 个是快车停车站，有 b 个是特快停车站。n、a、b 的关系是 $n>a>b>1$。针对该线路，求车站的设置方式一共有多少种。

例如，当 $n=4$、$a=3$、$b=2$ 时，如 表3.7 所示，车站的设置方式一共有 2 种。

表3.7　当 $n=4$、$a=3$、$b=2$ 时

车站	快车停车站	特快停车站
A	○	○
B	○	×
C	×	×
D	○	○

车站	快车停车站	特快停车站
A	○	○
B	×	×
C	○	×
D	○	○

问题

当 $n=32$、$a=12$、$b=4$ 时，车站的设置方式一共有多少种？

思路

如果按是否有快车停靠，是否特快车辆也停靠，或者都不停靠来划分每一站，那么车站的停靠情况一共有 3 种类型。由于在始发站和终点站特快车辆也会停车，所以在有 32 个车站的情况下，一共有 3^{30} 种组合。

 可是大多数组合不满足条件吧？

 如果改成只搜索满足条件的组合，就能提高处理速度了。

 我们可以试着着眼于停靠的车站数。

由于执行全局搜索不太现实，所以要在搜索方法上进行优化。如果知道剩余的车站数、剩余的快车停靠的车站数、剩余的特快停靠的车站数，就能知道一共有多少种组合了。换句话说，针对各车站思考快车和特快在始发站停靠之后是否停车即可。

如果以上述 3 个值为参数用递归的方式搜索，要调查的就有 3 种情形：当特快停车时、当快车停车时、当双方均不停车时。每一种情形可以分别通过减少车站数来进行搜索，用内存化的方式即可实现。具体可参考代码清单 57.01 和代码清单 57.02。

代码清单 57.01（q57_1.rb）

```
STATION, EXPRESS, LIMITED = 32, 12, 4

@memo = {}
def search(s, e, l)
  return @memo[[s, e, l]] if @memo[[s, e, l]]

  # 如果在终点站停车后，快车和特快的所有停靠站点都恰好停靠完毕，则将本轮车站
    设置计入总数
  return 1 if (s == 0) && (e == 0) && (l == 0)
  # 如果在终点站停车后，快车和特快还有未停靠的站点，则不计入总数
  return 0 if (s == 0) && ((e > 0) || (l > 0))
  # 如果在非终点站停车后，快车和特快用完所有可停靠站点，则不计入总数
  return 0 if (e == 0) || (l == 0)

  cnt = 0
  cnt += search(s - 1, e - 1, l - 1) # 特快停车站
  cnt += search(s - 1, e - 1, l)     # 快车停车站
```

```
  cnt += search(s - 1, e, 1)          # 经过但不停靠的车站
  @memo[[s, e, l]] = cnt
end

puts search(STATION - 1, EXPRESS - 1, LIMITED - 1)
```

代码清单57.02（q57_1.js）

```javascript
STATION = 32;
EXPRESS = 12;
LIMITED = 4;

memo = {};
function search(s, e, l){
  if (memo[[s, e, l]]) return memo[[s, e, l]];

  // 如果在终点站停车后，快车和特快的所有停靠站点都恰好停靠完毕，则将本轮车
     站设置计入总数
  if ((s == 0) && (e == 0) && (l == 0)) return 1;
  // 如果在终点站停车后，快车和特快还有未停靠的站点，则不计入总数
  if ((s == 0) && ((e > 0) || (l > 0))) return 0;
  // 如果在非终点站停车后，快车和特快用完所有可停靠站点，则不计入总数
  if ((e == 0) || (l == 0)) return 0;

  var cnt = 0;
  cnt += search(s - 1, e - 1, l - 1); // 特快停车站
  cnt += search(s - 1, e - 1, l);     // 快车停车站
  cnt += search(s - 1, e, l);         // 经过但不停靠的车站
  return memo[[s, e, l]] = cnt;
}

console.log(search(STATION - 1, EXPRESS - 1, LIMITED - 1));
```

虽然递归的结束条件有点复杂，但处理还是挺简单的。

这是一个使用内存化处理的典型例子，很容易理解。

可感觉还有更优的方案。

　　对于快车和特快，由于我们已经事先知道停靠的车站数了，所以可以从组合的角度进行思考。例如，32 个车站中有 12 个是快车的停车站，除去始发站和终点站就是 30 个车站中有 10 个，所以一共有 C_{30}^{10} 种组合。另外，这

12 个车站中有 4 个是特快停车站，除去始发站和终点站就是 10 个车站中有 2 个，所以一共有 C_{10}^2 种组合。

　　换句话说，先从所有的车站中选取快车停车站，然后从中选取特快停车站。像代码清单 57.03 和代码清单 57.04 那样使用组合处理的方式，就能轻松实现这一目标。

代码清单 57.03（q57_2.rb）

```ruby
STATION, EXPRESS, LIMITED = 32, 12, 4

@memo = {}
def nCr(n, r)
  return @memo[[n, r]] if @memo[[n, r]]
  return 1 if (r == 0) || (r == n)
  @memo[[n, r]] = nCr(n - 1, r - 1) + nCr(n - 1, r)
end

# 从所有车站中选取快车停车站，然后从中选取特快停车站
puts nCr(STATION - 2, EXPRESS - 2) *
     nCr(EXPRESS - 2, LIMITED - 2)
```

代码清单 57.04（q57_2.js）

```javascript
STATION = 32;
EXPRESS = 12;
LIMITED = 4;

var memo = {};
function nCr(n, r){
  if (memo[[n, r]]) return memo[[n, r]];
  if ((r == 0) || (r == n)) return 1;
  return memo[[n, r]] = nCr(n - 1, r - 1) + nCr(n - 1, r);
}

// 从所有车站中选取快车停车站，然后从中选取特快停车站
console.log(nCr(STATION - 2, EXPRESS - 2) *
            nCr(EXPRESS - 2, LIMITED - 2));
```

上述情形也可以使用组合。要注意改变看问题的视角，不要拘泥于一种思路，这一点非常重要。

答案　1 352 025 675 种

Q58 波兰表示法和去括号

IQ 120　**目标时间：30分钟**

在使用波兰表示法或者逆波兰表示法的情况下，不用括号就能表示混合运算。例如，对于普通式子（中缀表示法）

$$(1+3) \times (4+2)$$

如果去掉其括号，运算顺序就变了。但是，如果用波兰表示法写成下面这样，就不需要括号了。

$$\times +13+42$$

本题中只考虑 1 种数字，以及"+"和"×"2 种运算符。思考由这些数字和运算符组成的用波兰表示法表示的所有式子，这些式子有 n 个位置可以放入数字，将这些式子转化为（中缀表示法表示的）普通式子后，去掉不需要（不影响运算顺序）的括号（前提是"×"的运算顺序高于"+"）。

求在执行上述操作的过程中，一共需要保留多少对括号。例如，当 $n=3$ 时有以下 8 种组合，一共有 2 对需要保留的括号（用什么数字都没关系，例如下面的式子中用的是数字 5）。

$$+ + 5\,5\,5 \rightarrow 5 + 5 + 5$$
$$+ \times 5\,5\,5 \rightarrow 5 \times 5 + 5$$
$$\times + 5\,5\,5 \rightarrow (5 + 5) \times 5 \quad \cdots \quad 1\text{ 对括号}$$
$$\times \times 5\,5\,5 \rightarrow 5 \times 5 \times 5$$
$$+ 5 + 5\,5 \rightarrow 5 + 5 + 5$$
$$+ 5 \times 5\,5 \rightarrow 5 + 5 \times 5$$
$$\times 5 + 5\,5 \rightarrow 5 \times (5 + 5) \quad \cdots \quad 1\text{ 对括号}$$
$$\times 5 \times 5\,5 \rightarrow 5 \times 5 \times 5$$

问题

当 $n=15$ 时，一共有多少对需要保留的括号？

思路

如果用波兰表示法，我们可以用分叉的树状结构来表示运算符。例如，前面示例中的 ×+13+42 这个式子可以像 图 3.25 那样表示。

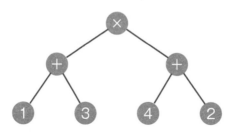

图 3.25 用树状结构表示 ×+13+42

着眼于各分支后，我们就能用递归的方式来处理了。也就是说，调查左下角的分支和右下角的分支中包含 + 和 × 的数目之后，就能求其上的分支中包含的括号数了。这时，我们需要不断变换左下角和右下角的数字个数来尝试，然后求和。

例如，假设左下角分支的 5 种组合中有 2 对括号，右下角分支的 8 种组合中有 3 对括号。这个分支之上如果设置 +，则一共有 5×8 种组合；如果设置 ×，则也有 5×8 种组合，所以加起来一共 5×8×2 种组合。

从括号数的角度思考，如果分支是 +，则不需要考虑添加括号。但是，如果分支是 ×，就要考虑添加括号的情况了。这部分可以通过以下的方式求和。

- 当分支是 + 时，有 5×3+8×2 种
- 当分支是 × 时，要在 5×3+8×2 的基础上加上有括号的情况，一共有 5×4+8×2 种

计算所有的组合数时要用乘法这一点我能理解，但是括号数该怎么求呢？

当分支是 + 时，用（左边的组合数）×（右边的括号数）+（右边的组合数）×（左边的括号数）来求，是这样吧？

是的。当分支是 × 时，在此基础上用（左边的组合数）×（右边的组合数）/2+（右边的组合数）×（左边的组合数）/2 来求。

关于追加部分，当分支为 + 时需要括号，当分支为 × 时不需要括号，所以要减半。这部分需要随着左右分支数的变化进行累计，具体实现如代码清单 58.01 和代码清单 58.02 所示。另外，当 $n=0$、$n=1$ 时无法列式子，所以括号数为 0。

代码清单 58.01（q58_1.rb）

```ruby
N = 15

@memo = [[0, 0], [1, 0]]
def tree_count(n)
  return @memo[n] if @memo[n]
  all, pair = 0, 0
  1.upto(n - 1) do |i|
    la, lp = tree_count(i)
    ra, rp = tree_count(n - i)
    # 分别针对+和×进行乘法运算
    all += la * ra * 2
    pair += la * (2 * rp + ra / 2) + ra * (2 * lp + la / 2)
  end
  @memo[n] = [all, pair]
end

all, pair = tree_count(N)
puts pair
```

代码清单 58.02（q58_1.js）

```javascript
N = 15;

var memo = [[0, 0], [1, 0]];
function tree_count(n){
  if (memo[n]) return memo[n];
  var all = 0, pair = 0;
  var la, lp, ra, rp;
  for (var i = 1; i < n; i++){
    [la, lp] = tree_count(i);
    [ra, rp] = tree_count(n - i);
    // 分别针对+和×进行乘法运算
    all += la * ra * 2;
    pair += la * (2 * rp + Math.floor(ra / 2))
          + ra * (2 * lp + Math.floor(la / 2));
  }
  return memo[n] = [all, pair];
}

var all = 0, pair = 0;
[all, pair] = tree_count(N);
console.log(pair);
```

无论 Ruby 还是 JavaScript，都将数组作为函数的返回值返回，这个值可以切分后代入！

如果是 C 语言那样的编程语言，还是一个个给数组的元素赋值比较好，对吧？

我们再想想还有没有别的方法可以求解。

如同 Q25 中提到的那样，由 $N+1$ 个节点构成的二叉树可以用卡塔兰数（$C(N)$）来求解。本题中如果有 n 个数，我们就可以用 $C(n-1)$ 求二叉树的个数。

而且，在有 n 个数字时，运算符可放入的地方有 $n-1$ 处，我们将 + 和 × 分别放入这些地方。对于由 $n-1$ 个 + 和 × 构成的组合，+ 的前面如果有 ×，就需要括号，这时组合数就有 $(n-2)\times2^{n-3}$ 种。

这部分处理可以通过代码清单 58.03 和代码清单 58.04 实现。

代码清单58.03（q58_2.rb）

```
N = 15

# 卡塔兰数
@memo = {0 => 1}
def catalan(n)
  return @memo[n] if @memo[n]
  sum = 0
  n.times do |i|
    sum += catalan(i) * catalan(n - 1 - i)
  end
  @memo[n] = sum
end

if N > 2
  puts catalan(N - 1) * (N - 2) * 2 ** (N - 3)
else
  puts "0"
end
```

代码清单58.04（q58_2.js）

```
N = 15;

// 卡塔兰数
var memo = {};
```

```
function catalan(n){
  if (memo[n]) return memo[n];
  if (n == 0) return 1;
  var sum = 0;
  for (var i = 0; i < n; i++){
    sum += catalan(i) * catalan(n - 1 - i);
  }
  return memo[n] = sum;
}

if (N > 2){
  console.log(catalan(N - 1) * (N - 2) * Math.pow(2, N - 3));
} else {
  console.log(0);
}
```

 这种树形结构经常会用到卡塔兰数。

 这是处理场景类数字问题时的必备知识，一定要记住！

 在表示一个式子时经常会用到波兰表示法和逆波兰表示法。

答案 142 408 581 120 对

 数学 小 知 识

不同编程语言的运算符，其优先级会不一样吗

　　这道题采用了波兰表示法进行运算，但在用编程语言进行运算时，是运算符的优先级决定了运算的先后顺序。例如，在计算 2+3×4 时，由于先进行乘法运算，所以是 2+12，结果为 14。

　　编程语言中不仅涉及小学学过的四则运算，还涉及位运算等内容。

例如，在运算 3|4 << 1（按位 OR 运算和"往左偏移 1 位"）时，如果不知道优先执行哪个运算符号，很难通过直觉判断出来（这时，由于位移的优先级要高于按位 OR 运算，所以是"3|8"，结果为 11）。

在学习多种编程语言时一定要注意各编程语言之间的差异。例如，Ruby 和 JavaScript 中针对按位 AND 运算和按位 OR 运算的比较运算符，其优先级是相反的。

比如，代码清单 58.05 和代码清单 58.06 运行后的结果不一样。Ruby 中输出 NG，而 JavaScript 中输出 OK。

代码清单 58.05（q58_3.rb）

```
a, b, c = 1, 2, 3
if a | b < c
  puts "OK"
else
  puts "NG"
end
```

代码清单 58.06（q58_3.js）

```
a = 1;
b = 2;
c = 3;
if (a | b < c){
  console.log("OK");
} else {
  console.log("NG");
}
```

为避免出现上述问题，我们要善用括号。这一点在使用特定的编程语言时也一样，即便可以省略括号也会选择加上括号，这样别人在重读代码时才会觉得轻松。为了便于读者理解，本书中也添加了许多括号。

Q59 比分大作战

乒乓球比赛是一局 11 分制，排球比赛是一局 25 分制。但是，在 10 平后（在排球比赛中是 24 平后），先多得 2 分的一方为胜方。

思考一下 A 和 B 比赛时的得分情况。如果在 3 分制的比赛中 A 得了 4 分，B 得了 2 分，则得分情况可分以下 6 种（下面的选手代号即表示得分的一方）。

(1) A → A → B → B → A → A

(2) A → B → A → B → A → A

(3) A → B → B → A → A → A

(4) B → A → A → B → A → A

(5) B → A → B → A → A → A

(6) B → B → A → A → A → A

这个时候，不会出现如下得分情况（因为这种情况表示中途已经有人取得 3 分，那么这一局也就结束了）。

A → A → B → A → B → A

问题

在 11 分制的比赛中，使得比赛进行到 A 得 25 分、B 得 24 分的得分情况一共有多少种？

整理一下游戏终止的条件后，用代码实现起来会比较简单。

我们也可以思考一下用数学的方式求解。

思路

比赛双方在取得规定的得分前，无论哪一方连续得分都没有关系。但是，一旦取得了规定的得分，他们之间的比分之差就很关键了。因此，需要考虑它们各自的条件分支。

在统计比赛双方的得分时，要确认的内容不受分数影响，所以可以用递归的方式搜索。在本题中我们可以把 A 和 B 的得分作为参数，然后统计有多少种情况可以取得规定的得分。

终止条件是取得目标分数，这一点比较容易理解。

判断平分的处理有些麻烦，相反我们可以思考一下不是平分的条件。

只要有一方取得了目标分数并且双方相差 2 分，就不会出现平分的情况了。也就是说，从"在不会出现平分的区间内进行搜索"的角度思考，就容易理解多了。在此基础上，任何一方取得了目标分数后就不满足平分的条件了，也就可以结束搜索了。

具体实现可参考代码清单 59.01 和代码清单 59.02。

```
代码清单59.01（q59_1.rb）

N, A, B = 11, 25, 24

@memo = {}
def search(a, b)
  return @memo[[a, b]] if @memo[[a, b]]

  # 如果双方都取得了目标分数，则终止
  return 1 if (a == A) && (b == B)
  #如果有一方取得了目标分数且双方相差2分，则终止
  return 0 if ((a >= N) || (b >= N)) && ((a - b).abs > 1)
  # 如果一方超过了目标分数，则终止
  return 0 if (a > A) || (b > B)
  # 用递归的方式搜索任何一方得分的情况
  @memo[[a, b]] = search(a + 1, b) + search(a, b + 1)
end

puts search(0, 0)
```

代码清单 59.02（q59_1.js）

```javascript
N = 11;
A = 25;
B = 24;

var memo = {};
function search(a, b){
  if (memo[[a, b]]) return memo[[a, b]];

  // 如果双方都取得了目标分数，则终止
  if ((a == A) && (b == B)) return 1;
  // 如果有一方取得了目标分数且双方相差 2 分，则终止
  if (((a >= N) || (b >= N)) && (Math.abs(a - b) > 1)) return 0;
  // 如果一方超过了目标分数，则终止
  if ((a > A) || (b > B)) return 0;
  // 用递归的方式搜索任何一方得分的情况
  return memo[[a, b]] = search(a + 1, b) + search(a, b + 1);
}

console.log(search(0, 0));
```

一个一个地思考终止条件，处理起来就简单多了！不但提高了处理速度，还增加了可读性。

本题还可以用组合的方式求解哦。

我们还可以把这道题理解为求 A 和 B 的得分顺序（A 和 B 的排列）的组合数。如果针对不同的情形去计算，就可以用数学的方式来求解（代码清单 59.03 和代码清单 59.04）。

代码清单 59.03（q59_2.rb）

```ruby
N, A, B = 11, 25, 24

@memo = {}
def nCr(n, r)
  return @memo[[n, r]] if @memo[[n, r]]
  return 1 if (r == 0) || (r == n)
  @memo[[n, r]] = nCr(n - 1, r - 1) + nCr(n - 1, r)
end

if [A, B].max > N # 平分时
  if (A - B).abs > 2
    puts 0
  else
```

```
    puts nCr(2 * N - 2, N - 1) * (2 ** ([A, B].min - N + 1))
  end
elsif [A, B].max == N # 取得目标分数时
  if (A - B).abs == 1
    puts nCr(2 * N - 2, N - 1)
  else
    puts nCr(A + B - 1, [A, B].min)
  end
else # 没有取得目标分数时
  puts nCr(A + B, A)
end
```

代码清单59.04（q59_2.js）

```
N = 11;
A = 25;
B = 24;

var memo = {};
function nCr(n, r){
  if (memo[[n, r]]) return memo[[n, r]];
  if ((r == 0) || (r == n)) return 1;
  return memo[[n, r]] = nCr(n - 1, r - 1) + nCr(n - 1, r);
}

if (Math.max(A, B) > N){ // 平分时
  if (Math.abs(A - B) > 2)
    console.log(0);
  else
    console.log(nCr(2 * N - 2, N - 1)
                * (2 ** (Math.min(A, B) - N + 1)));
} else if (Math.max(A, B) == N){ // 取得目标分数时
  if (Math.abs(A - B) == 1)
    console.log(nCr(2 * N - 2, N - 1));
  else
    console.log(nCr(A + B - 1, Math.min(A, B)));
} else { // 没有取得目标分数时
  console.log(nCr(A + B, A));
}
```

 答案 　3 027 042 304 种

三子棋的玩法

有一种用○和×表示的"三子棋"游戏。2人轮流在3×3的格子中填入○和×，谁先画出3个并排的符号谁就胜出。这个游戏在笔记本或者黑板等地方都可以玩，相信很多人小的时候玩过。

本题中从○开始轮流填入符号，直到决出胜负。思考一下这个三子棋游戏从开始到决出胜负为止的步骤和结果图形各有多少种。

例如，在 图3.26 的左图中，在所有的格子中填入符号后，有3个格子中的○符号形成了一条斜线，所以○的一方胜出；在中间的图中，哪种符号都没有形成连成一条线的情形，所以是平局；在右图中，虽然还有没填的格子，但是×符号已经连成一条线，所以×的一方胜出。

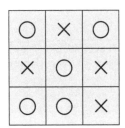 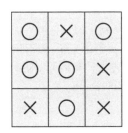 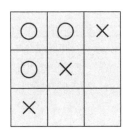

图3.26　三子棋游戏的示例

当然，在有些胜出的情形下，有可能没有选正确的格子。

问题

三子棋游戏的结果图形一共有多少种？

请分别求出游戏过程中的步骤数，以及与游戏过程无关的结束图形的种类各是多少。

只是把○和×中的任意一个填到格子里，所以在同一个处理中搜索，然后确认是否胜出，就可以轻松求解了。

思路

用来填写符号的格子一共有 9 个，所以最多有 9!=362 880 种组合。即便用全局搜索也能进行处理，所以我们来轮流填入○和 ×，直到任意一个符号能连成一条线。

在搜索时只需要确认是否所有的格子都填满了，如果还有格子没填就轮流填入。这部分逻辑可以用递归的方式处理。

那如何判断胜负呢？

不管是○还是 ×，只要 3 个符号能连成一条线就可以了，所以要确认纵向、横向和斜向是否符合条件。

如果预先保存了决出胜负的情况，也就知道了与游戏过程无关的结束图形。

本题中用一维数组将各个格子的状态用"0：没有符号""1：○""−1：×"表示。一开始将所有的格子初始化为 0，然后用递归的方式搜索没有符号的格子。考虑到会出现相同的图形，我们可以使用内存化的方式。具体实现如代码清单 60.01 和代码清单 60.02 所示。

```
代码清单60.01（q60.rb）

# 判断是否已决出胜负
def check(board, user)
  3.times do |i|
    # 确认纵向和横向的情况
    if ((board[i * 3] == user) &&
        (board[i * 3] == board[i * 3 + 1]) &&
        (board[i * 3] == board[i * 3 + 2])) ||
       ((board[i] == user) &&
        (board[i] == board[i + 3]) &&
        (board[i] == board[i + 6]))
      return true
    end
  end
  # 确认斜向的情况
  if (board[4] == user) &&
     (((board[0] == board[4]) && (board[4] == board[8])) ||
      ((board[2] == board[4]) && (board[4] == board[6])))
    return true
  end
  false
```

```
end

@memo = {}
@uniq = {}
# 依次搜索
def search(board, user)
  return @memo[[board, user]] if @memo[[board, user]]
  if check(board, -user)
    @uniq[board] = true
    return 1
  end
  cnt = 0
  9.times do |i|
    if board[i] == 0
      board[i] = user
      cnt += search(board, -user)
      board[i] = 0
    end
  end
  @memo[[board, user]] = cnt
end

puts search([0] * 9, 1)
puts @uniq.size
```

代码清单60.02（q60.js）

```
// 判断是否已决出胜负
function check(board, user){
  for (var i = 0; i < 3; i++){
    // 确认纵向和横向的情况
    if (((board[i * 3] == user) &&
         (board[i * 3] == board[i * 3 + 1]) &&
         (board[i * 3] == board[i * 3 + 2])) ||
        ((board[i] == user) &&
         (board[i] == board[i + 3]) &&
         (board[i] == board[i + 6]))){
      return true;
    }
  }
  // 确认斜向的情况
  if ((board[4] == user) &&
      (((board[0] == board[4]) && (board[4] == board[8])) ||
       ((board[2] == board[4]) && (board[4] == board[6])))){
    return true;
  }
  return false;
}

var memo = {};
var uniq = {};
// 依次搜索
```

```
function search(board, user){
  if (memo[[board, user]]) return memo[[board, user]];
  if (check(board, -user)){
    uniq[board] = true;
    return 1;
  }
  var cnt = 0;
  for (var i = 0; i < 9; i++){
    if (board[i] == 0){
      board[i] = user;
      cnt += search(board, -user);
      board[i] = 0;
    }
  }
  return memo[[board, user]] = cnt;
}

board = new Array(9);
for (var i = 0; i < 9; i++) board[i] = 0;
console.log(search(board, 1));
console.log(Object.keys(uniq).length);
```

 为了统计和中间过程无关的结束图形，代码中使用了哈希表，对吧？

 通过将哈希表的键值设置成格子的组合，可以避免相组合重复计数。

 这样一来，最后在求组合数的时候直接统计哈希表中保存的个数就可以了，实在是巧妙啊。

 答案 游戏过程中的步骤数：209 088 种。

结束图形的种类：942 种。

第 **4** 章

高级篇

★★★★

正确实现
复杂的处理

试着查一下代码库

一些编程语言会提供丰富的代码库。例如 Q53 中出现过的一个名为 prime 的库，它是 Ruby 中一个用来处理质数的库，不仅可以用来判断质数，还可以用来提取小于某个数的所有质数。

另外，如果事先知道哪些库和数据结构相关，用起来就会非常方便。例如，许多编程语言提供了数组，但也有一些编程语言会单独提供哈希表、链表、队列和栈相关的库。

如果知道这些库，就不用自己编码实现了，这可以大幅缩短开发时间。这一点在实际工作中也是一样的。如果知道这些库，就能在短时间内完成项目，但如果不知道，就会在开发和研究中浪费大量时间。

虽然为了学习排序等算法自己动手实践，也不失为一种方法，但如果有现成的库，那么懂得活学活用就非常重要了。当然，也可以选择包含丰富代码库的编程语言。

本书的算法题中没怎么使用库，如果想使用便于统计的库，可以选择 Python 或者 R 等编程语言。

即便是学过的编程语言，如果调查一下，也可能会发现一些没有用过的库。这些由于工作中用不到而被忽略的库，有时候在解算法题时会非常有用，反之亦然。

最近，开源的库越来越多，通过阅读这些库的源码，也许可以让我们进一步思考如何才能写出更好的代码。

Q61

IQ 90　目标时间：30分钟

交叉排序

在学校，我们经常会按身高排队。但是，一直用相同的方式排序有点不公平。这里，我们试着在排队时按身高的顺序，即高矮交叉排序。

例如，4 个人的身高如下。

150 cm、160 cm、170 cm、180 cm

对这 4 个人的身高进行交叉排序，如下所示共有 10 种顺序。

150cm、170cm、160cm、180cm
150cm、180cm、160cm、170cm
160cm、150cm、180cm、170cm
160cm、170cm、150cm、180cm
160cm、180cm、150cm、170cm
170cm、150cm、180cm、160cm
170cm、160cm、180cm、150cm
170cm、180cm、150cm、160cm
180cm、150cm、170cm、160cm
180cm、160cm、170cm、150cm

问题

当 20 个人排成 1 列时，一共有多少种交叉排序的方法？当然，默认所有人的身高都不一样。

这只是个排序而已，没有必要考虑每个人具体的身高是多少。

反向的排列也会计算在内，所以考虑顺序就行。

Q61　交叉排序 ｜ 273

思路

因为所有人的身高都不一样，所以本题中不使用每个人具体的身高，而是用 1 到 n 的数来表示 n 个人的身高，这与使用实际数值的效果相同。因此，本题就转变为从 1 到 n 的数该如何排序的问题。

交叉排序也叫交替排序。为了实现交叉排序，可以想象成在 1 到 $n-1$ 个排列好的数中插入 n。

如果把 n 插入到左起第 i 个位置上，那么 n 的左边有 $i-1$ 个数，n 的右边有 $n-i$ 个数。显然，一旦 n 左边放置的数的个数定了之后，右边的数的个数自然也就定了下来。这里可以通过从 $n-1$ 个数中选择 $i-1$ 个数的组合的方式来求左边放置的个数。

组合的求法好像出现过好多次了……

这次是从 $n-1$ 个数中选择 $i-1$ 个数，可以用 C_{n-1}^{i-1} 表示。

接下来，思考一下插入位置左右两边的排列顺序。由于插入的数 n 比别的数要大，所以插入位置左边的排列顺序会形成第 $i-1$ 个数凹下去的情形。右边也一样，$n-i$ 个数的排列顺序会形成开头的数凹下去的情形（图 4.1）。

图4.1　左右两边排列顺序的示意图

换句话说，假设 n 个数交叉排列的组合数为 tall(n)，那么当 n 大于 1 时，可以像下面这样用递归的方式定义。这个式子的开头之所以有一个 1/2，是为了在最后的上升和下降两种情形中，只选下降的情形。

$$\text{tall}(n) = \frac{1}{2} \sum_{i=1}^{n} [\text{tall}(i-1) \times C_{n-1}^{i-1} \times \text{tall}(n-i)]$$

具体实现如代码清单 61.01 和代码清单 61.02 所示。

代码清单 61.01（q61_1.rb）

```ruby
N = 20

# 求从n个里选r个的组合数
@memo = {}
def nCr(n, r)
  return @memo[[n, r]] if @memo[[n, r]]
  return 1 if (r == 0) || (r == n)
  @memo[[n, r]] = nCr(n - 1, r - 1) + nCr(n - 1, r)
end

@memo_tall = {}
def tall(n)
  return 1 if n <= 2
  return @memo_tall[n] if @memo_tall[n]
  result = 0
  1.step(n){|i|
    result += tall(i - 1) * nCr(n - 1, i - 1) * tall(n - i)
  }
  @memo_tall[n] = result / 2
end

if N == 1
  puts "1"
else
  puts 2 * tall(N)
end
```

代码清单 61.02（q61_1.js）

```javascript
N = 20;

// 求从n个里选r个的组合数
var memo = {};
function nCr(n, r){
  if (memo[[n, r]]) return memo[[n, r]];
  if ((r == 0) || (r == n)) return 1;
  return memo[[n, r]] = nCr(n - 1, r - 1) + nCr(n - 1, r);
}

var memo_tall = {};
function tall(n){
  if (n <= 2) return 1;
  if (memo_tall[n]) return memo_tall[n];
  var result = 0;
  for (var i = 1; i <= n; i++){
    result += tall(i - 1) * nCr(n - 1, i - 1) * tall(n - i);
```

```
  }
  return memo_tall[n] = result / 2;
}

if (N == 1){
  console.log("1");
} else {
  console.log(2 * tall(N));
}
```

 为什么 n 不为 1 时要乘以 2 呢？

 因为要考虑到 n 比别的数小的情形，也就是考虑到上下相反的组合。

 还能不能想到别的解题方法呢？

关键点

如果在英文版的维基百科中搜索 Alternating permutation（交错排列）这个词组，就会发现 Entringer number（恩廷格数）和 Euler zigzag number（欧拉 zigzag 数）这样的描述。Entringer number 可以用下面的式子来表示。

$$E(0, 0) = 1$$
$$E(n, 0) = 0 \ (n > 0)$$
$$E(n, k) = E(n, k-1) + E(n-1, n-k)$$

求第 N 个 zigzag number 就是求 $E(n, n)$，这可以用 图 4.2 表示。由于求出来的数是答案的一半，所以还要乘以 2。

```
                1

            0       1

            0       1       1

            0       1       2       2

            0 →  2 →  4 →  5 →  5

            0       5      10      14      16      16

            0       ...
```

图4.2　求 $E(n,n)$

上面的逻辑用循环来处理可以写成代码清单 61.03 和代码清单 61.04 这样。

代码清单 61.03（q61_2.rb）

```ruby
N = 20

z = Hash.new(0)
z[[0, 0]] = 1
1.upto(N) do |n|
  1.upto(N) do |k|
    z[[n, k]] = z[[n, k - 1]] + z[[n - 1, n - k]]
  end
end
puts 2 * z[[N, N]]
```

代码清单 61.04（q61_2.js）

```javascript
N = 20;

var z = new Array(N + 1);
for(var i = 0; i <= N; i++)
  z[i] = new Array(i + 1).fill(0);
z[0][0] = 1;
for (var n = 1; n <= N; n++)
  for (var k = 1; k <= n; k++)
    z[n][k] = z[n][k - 1] + z[n - 1][n - k];
console.log(2 * z[N][N]);
```

答案　740 742 376 475 050 种

前辈的 小讲堂

我们身边的"交叉排序"

我们身边也有一些使用交叉排序的例子。

比如，我们可以看一下面巾纸。盒子里的面巾纸就是交叉叠放在一起的。这样叠放的好处是，从上往下一张张抽取的时候，可以利用摩擦带出下一张。如果不使用交叉叠放的方式，就很难抽取面巾纸。

另外，通过交错设置座位可以避免直视对面的乘客。例如，飞机商务舱的座位就是交错的。座位之间稍微错开一点，不仅能够确保乘客有放脚的地方，还能隔出一定的空间作为乘客的私密空间。

程序员再熟悉不过的键盘也利用了交错排列。许多人使用的是按QWERTY方式排列的键盘，各排之间的按键是交错排列的。虽然键盘上的键可以整齐地排成1列，但是明显现在的排列方式更有助于打字。

程序员经常需要思考该如何排序，偶尔也可以思考一下这种需要交错排列的例子，说不定会很有趣。

Q62

破损的晾衣架

不少人讨厌洗衣服。虽然把衣服放到洗衣机的过程很简单，但是晾衣服很麻烦。尤其是，那些带有夹子的晾衣架用起来很不方便。为了快速选定夹子，可以先固定它们的位置。

本题以带夹子的长方形晾衣架为例。相邻的 2 个夹子为 1 对，部分夹子无法使用（坏了）。假设在晾衣服时，使用的是晾衣架中相邻的 2 个夹子。

以 1 个有 3 排 4 列夹子的晾衣架为例，如 图 4.3 所示，当有 1 对夹子没有办法使用时，要用完剩余所有的夹子就只有右图这 1 种设置。

对于有 4 排 5 列夹子的晾衣架，如 图 4.4 所示，当有 2 对夹子无法使用时，要用完剩余的夹子就只有右图这 1 种设置。但是，如果只有 1 对夹子没有办法使用，设置方式就不止 1 种了。

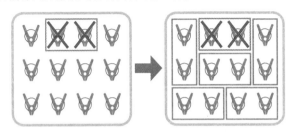

图 4.3　有 3 排 4 列夹子的情况

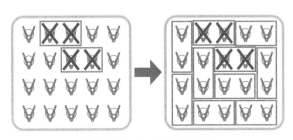

图 4.4　有 4 排 5 列夹子的情况

问题

假设晾衣架上有 7 排 10 列夹子，其中一些成对的夹子没有办法使用。那么，至少要有几对夹子不能使用，才能实现只有 1 种方式能用完剩余的夹子？

在思考"在长方形中，在特定位置以外的地方如何放置多米诺骨牌（有 1×2 个格子的长方形）的问题"时，最简单的方法是从左上角开始依次放置。但是，在使用全局搜索的情况下，一旦数据量增大，处理起来就比较麻烦了，所以经常需要借助内存化或者动态规划算法。

这次不用求有多少种方式，只要知道是否只能有 1 种方式就可以了。因此，判断"是否存在可以无条件地认定为 1 种方式的部分"，并用前面介绍的方法求有多少种情况，然后如果可以断定只有 1 种方式，则结束搜索。

首先要定哪些是坏夹子吧？

是的。依次增加坏夹子，同时设定位置。

然后针对设定的位置，试着调查一共有多少种用法。

坏的夹子可以通过递归的方式设置在纵向或横向。只要设置成指定的个数，就可以调查在该设置下晾衣架的使用方式有多少种。从左上角开始递归地搜索空闲位置，我们就可以知道有多少种方式了。

这里不仅要用一维数组表示晾衣架，还要调查有多少种用法。同时，还要用一维数组表示夹子的位置。

使用一维数组便于复制数组。

如果使用多维数组，就需要一个一个地复制数组内容，即进行深度复制。

当无法设置时，通过返回剩余夹子的个数来表示用完剩余夹子的方式不止 1 种。由于要对前后左右进行判断，所以代码看起来有点长，但其实处理内容并不复杂，只是从左上角开始依次尝试而已（代码清单 62.01 和代码清单 62.02）。

```ruby
W, H = 10, 7

@pins = Array.new(W * H){0}

# 设置坏夹子后，调查晾衣架的使用方式有多少种
def check(temp)
  connect = Array.new(W * H){0}
  remain, single = 0, 0
  (W * H).times do |i|
    if temp[i] == 0
      # 在不是坏夹子的情况下，判断前后左右的空闲状态
      connect[i] += 1 if (i % W != 0) && (temp[i - 1] == 0)
      connect[i] += 1 if (i % W != W - 1) && (temp[i + 1] == 0)
      connect[i] += 1 if (i / W != 0) && (temp[i - W] == 0)
      connect[i] += 1 if (i / W != H - 1) && (temp[i + W] == 0)
      remain += 1 # 统计没有设置的夹子
      single += 1 if connect[i] == 1 # 只能通过1种方式用完剩余夹子
的位置数
    end
  end
  if single > 0
    (W * H).times do |i|
      if (connect[i] == 1) && (temp[i] == 0)
        # 在只能通过1种方式用完剩余夹子时使用
        temp[i] = 1
        if (i % W != 0) && (temp[i - 1] == 0)
          temp[i - 1] = 1
        elsif (i % W != W - 1) && (temp[i + 1] == 0)
          temp[i + 1] = 1
        elsif (i / W != 0) && (temp[i - W] == 0)
          temp[i - W] = 1
        elsif (i / W != H - 1) && (temp[i + W] == 0)
          temp[i + W] = 1
        else
          return 1 # 不能设置
        end
      end
    end
    return check(temp)
  else
    return remain
  end
end

#递归地设置坏夹子
# pos: 设置的位置
# depth: 设置的个数
def search(pos, depth)
  if depth == 0 # 设置结束
    if check(@pins.clone) == 0
      # 在只能通过1种方式用完剩余夹子时输出结果并结束程序
      puts @broken
```

```
      exit
    end
    return
  end
  return if pos == W * H # 结束搜索
  if @pins[pos] == 0 # 没有设置的时候
    if (pos % W < W - 1) && (@pins[pos + 1] == 0) # 横向设置
      @pins[pos], @pins[pos + 1] = 1, 1
      search(pos, depth - 1)
      @pins[pos], @pins[pos + 1] = 0, 0
    end
    if (pos / W < H - 1) && (@pins[pos + W] == 0) # 纵向设置
      @pins[pos], @pins[pos + W] = 1, 1
      search(pos, depth - 1)
      @pins[pos], @pins[pos + W] = 0, 0
    end
  end
  search(pos + 1, depth) # 搜索下一个
end

# 一边增加坏夹子一边搜索
(W * H / 2).times do |i|
  @broken = i
  search(0, @broken)
end
```

代码清单62.02（q62.js）

```
W = 10;
H = 7;

var pins = new Array(W * H);
for (var i = 0; i < W * H; i++)
  pins[i] = 0;

// 设置坏夹子后，调查晾衣架的使用方式有多少种
function check(temp){
  // console.log(temp);
  var connect = new Array(W * H);
  for (var i = 0; i < W * H; i++)
    connect[i] = 0;
  var remain = 0, single = 0;
  for (var i = 0; i < W * H; i++){
    if (temp[i] == 0){
      // 在不是坏夹子的情况下，判断前后左右的空闲状态
      if ((i % W != 0) && (temp[i - 1] == 0)) connect[i]++;
      if ((i % W != W - 1) && (temp[i + 1] == 0)) connect[i]++;
      if ((i / W != 0) && (temp[i - W] == 0)) connect[i]++;
      if ((i / W != H - 1) && (temp[i + W] == 0)) connect[i]++;
      remain++; // 统计没有设置的夹子
      if (connect[i] == 1) single++; // 只能通过1种方式用完剩余夹子
的位置数
```

```
    }
  }
  if (single > 0){
    for (var i = 0; i < W * H; i++){
      if ((connect[i] == 1) && (temp[i] == 0)){
        // 在只能通过1种方式用完剩余夹子时使用
        temp[i] = 1;
        if ((i % W != 0) && (temp[i - 1] == 0)){
          temp[i - 1] = 1;
        } else if ((i % W != W - 1) && (temp[i + 1] == 0)){
          temp[i + 1] = 1;
        } else if ((i / W != 0) && (temp[i - W] == 0)){
          temp[i - W] = 1;
        } else if ((i / W != H - 1) && (temp[i + W] == 0)){
          temp[i + W] = 1;
        } else {
          return 1; // 不能设置
        }
      }
    }
    return check(temp);
  } else {
    return remain;
  }
}


//递归地设置坏夹子
// pos: 设置的位置
// depth: 设置的个数
function search(pos, depth){
  if (depth == 0){ // 设置结束
    if (check(pins.concat()) == 0){
      // 在只能通过1种方式用完剩余夹子时输出结果并结束程序
      console.log(broken);
      done = true;
    }
    return;
  }
  if (pos == W * H) return; // 结束搜索
  if (pins[pos] == 0){ // 没有设置的时候
    if ((pos % W < W - 1) && (pins[pos + 1] == 0)){ // 横向设置
      [pins[pos], pins[pos + 1]] = [1, 1];
      search(pos, depth - 1);
      [pins[pos], pins[pos + 1]] = [0, 0];
    }
    if (done) return;
    if ((pos / W < H - 1) && (pins[pos + W] == 0)){ // 纵向设置
      [pins[pos], pins[pos + W]] = [1, 1];
      search(pos, depth - 1);
      [pins[pos], pins[pos + W]] = [0, 0];
    }
  }
  if (done) return;
```

```
    search(pos + 1, depth); // 搜索下一个
}

// 一边增加坏夹子一边搜索
var broken = 0;
var done = false;
for (var i = 0; i < W * H / 2; i++){
  broken = i;
  search(0, broken);
  if (done) break;
}
```

 像这种篇幅较长的代码，与其一口气从头读到尾，不如一段一段地去理解其中的处理，这很重要。

 注意，JavaScript 不能像 Ruby 那样，使用 exit 就可以立即退出运行中的程序，所以要用递归的方式一个一个地退出。

关键点

　　如果是本题这样的数据量，运行 Ruby 的程序或者 JavaScript 的程序，处理起来会稍微花点时间。如果用 C 语言或 Java 等编译型语言，处理时间就能得到大幅缩减。

 在需要快速处理的情况下要用编译型语言！

 答案 　4 对

台球广受人们的欢迎。假设某人正好以 45 度角击球碰库。当击球力量较大时，球碰库后会反弹回来，在球桌上来回滚动（球桌上没有球袋。这种在没有球袋的球桌上打台球的方式叫开伦台球）。

简单起见，假设在横向和纵向分别有 m 个和 n 个格子的网格上，要从任意的方格点开始击球，并计算球经过的格子数（一旦碰库就会弹回来。如果重复在 1 个格子上滚动，无论顺时针还是逆时针，都只算 1 次）。

例如，在 $m=4$、$n=2$ 时，球如果像 图4.5 左图那样滚动，就会经过 4 个格子，而如果像右图那样滚动，就会经过 8 个格子。

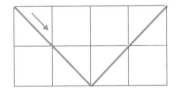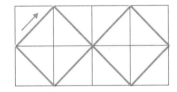

图4.5 当 $m=4$、$n=2$ 时

当 $m=4$、$n=3$ 时，不管从哪个位置往哪个方向发球，球都会经过 12 个格子（ 图4.6 ）。

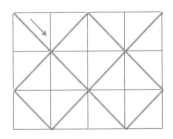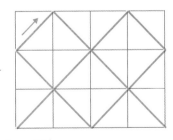

图4.6 当 $m=4$、$n=3$ 时

问题

当 $m=60$、$n=60$ 时，思考球经过的格子数最小的路径和最大的路径，并求在这两种情况下格子数分别是多少。

本题中假设球会在球桌上不停滚动，所以我们不需要考虑中途停止的情况。也就是说，由于球会在球桌各边之间来回滚动，所以球的移动距离是滚动到对面球桌边的距离的倍数。

由于球按 45 度角的路线滚动，所以在纵向和横向上都是一样的。换句话说，移动距离是 m 的倍数，也是 n 的倍数。这个数的最小值就是 m 和 n 的最小公倍数。

因为要从球桌的一边滚到另一边，所以球在纵向和横向都得按给定的格子数移动。

接下来只要看是否存在用这个最小公倍数实现的路径就行，对吗？

是的。当 $m=n$ 时就简单了。不管是从哪个角开球，球都会按照对角线滚动，然后回到起点，所以经过的格子数 m 就是最小公倍数。

问题是 $m \neq n$ 的情况。试着画一下就能发现 m 和 n 之间的规律。例如，前文中当 $m=4$、$n=3$ 时 m 和 n 互质的情形，无论从哪个格子开球，球都会在 4 个角中经过任意 2 个角，通过所有的格子。换句话说，最大值和最小值都是 $m×n$。

问题是当 m 和 n 不互质的情况。在前文 $m=4$、$n=2$ 的示例中（ 图 4.6 ），从任意 1 个角开球，球会在碰到其他任意的角后返回，此过程不断重复。这时，经过的格子数就是 m 和 n 的最小公倍数，也就是最小值。

什么叫互质？

Q16 中出现过互质，就是 2 个整数的最大公约数为 1，换句话说就是除了 1 没有共同的约数。

画张图就明白了。

接下来思考最大值。它也是当 $m=n$ 时简单，如果不是在桌角开球，就需要绕 1 圈才能返回，所以经过的格子数是 $2 \times m$。另外，当 m 和 n 互质时，如上所述有 $m \times n$ 个格子。

当 m 和 n 不互质时，如果不从桌角开球，那么球在来回滚动时就不会经过桌角。这时，考虑到最短路径平移后的再次移动，所以路径长度就是 m 和 n 的最小公倍数的 2 倍。

假设 m 和 n 的最小公倍数是 $LCM(m, n)$，那么最大值和最小值可以整理成 表4.1 。

表4.1 不同条件下的最小值和最大值

条　件	最　小　值	最　大　值
$m = n$	m	$2 \times m$
m 和 n 互质	$m \times n$	$m \times n$
m 和 n 不互质	$LCM(m, n)$	$2 \times LCM(m, n)$

具体实现如代码清单 63.01 和代码清单 63.02 所示。

代码清单63.01（q63.rb）

```ruby
M, N = 60, 60

if M == N
  min, max = M, 2 * M
elsif M.gcd(N) == 1
  min, max = M * N, M * N
else
  min, max = M.lcm(N), 2 * M.lcm(N)
end

puts min
puts max
```

代码清单63.02（q63.js）

```js
M = 60;
N = 60;

// 用递归的方式求最大公约数
function gcd(a, b){
  if (b == 0) return a;
  return gcd(b, a % b);
}

// 求最小公倍数
function lcm(a, b){
  return a * b / gcd(a, b);
}
```

```
var min, max;
if (M == N){
  [min, max] = [M, 2 * M];
} else if (gcd(M, N) == 1){
  [min, max] = [M * N, M * N];
} else {
  [min, max] = [lcm(M, N), 2 * lcm(M, N)];
}

console.log(min);
console.log(max);
```

 使用 Ruby 可以直接求最大公约数和最小公倍数。

 用 JavaScript 求最大公约数的处理中使用了 Q16 提到的欧几里得算法。

 最小公倍数可以用 $A \times B = GCD(A, B) \times LCM(A, B)$ 来求解。

关键点

　　仔细观察 表4.1 就会发现，最小值总是可以通过 LCM(m, n) 来求解（当 $m=n$ 时，最小公倍数是 m；当 m 和 n 互为质数时，最小公倍数是 $m \times n$）。

　　另外，当 $m=n$ 时最大值也可以用 $2 \times$ LCM(m, n) 表示。这样整理完之后，用代码实现起来会更加简洁。

 答案 格子数的最小值：60。

格子数的最大值：120。

Q64　以最短路径往返的图形

　　假设道路呈格子状。沿格子状的道路从左下角的 A 点往右上角的 B 点以最短路径移动，然后又以最短路径从 B 点返回至 A 点，重复这一过程。这里走过 1 次的路线不能再走第 2 次。

　　思考走完所有的路线后最终返回 A 点的道路图形。例如，在从 A 到 B 的移动距离为 5 的情况下，共有如 图4.7 所示的 4 种图形，但最终能返回到 A 点的只有中间的 2 种（左右两边的最后都在 B 点结束）。

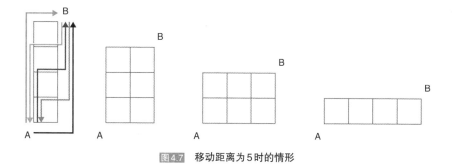

图4.7　移动距离为5时的情形

问题

　　当从 A 到 B 的移动距离为 98 303 时，求在最终能返回到 A 点的图形中，长度为最小值的图形，并求出相应的最小值是多少。

　　如上所述，当从 A 到 B 的移动距离为 5 时，长度为最小值的图形是图中左起第 2 个图形，长度是 2。

这道题是在东京大学2015年入学考试题的基础上改编而成的。原题是"假设 m 为小于等于2015的正整数。求 C_{2015}^m 为偶数时 m 的最小值。"这样一道简单的试题。

那就是说，这道题不用编程也能求解，对吧？

思路

在格子状的道路中以最短路径来回移动，走完所有的路线后返回 A 点，这时最短路径的种类必须为偶数。这里，考虑到最短路径的种类，假设从 A 到 B 的移动距离为 m，在水平方向移动的次数为 n，那么可以用 C_m^n 求解。

也就是说，从 A 到 B 的移动距离为 98 303，求最终能返回到 A 点的图形中长度的最小值，其实就是求当 C_{98303}^n 为偶数时 n 的最小值。

入学考试题中经常会出现求最短路径有多少种这样的问题。

但是，要怎么判断是否为偶数呢？

可以依次进行除法运算。

众所周知，用 C_m^n 求组合的个数和用 C_m^{m-n} 求组合的个数，值是一样的。这种左右对称的图形类似于杨辉三角。因此，搜索到 n 的一半就可以了，不需要进行全局搜索。

在求种类的处理中，我们可以通过依次改变 n 的值来求最小值。这部分处理可以参考代码清单 64.01 和代码清单 64.02 实现。因为 n 的值较大，所以在求种类的处理中使用了循环处理，没有用递归。

代码清单 64.01（q64_1.rb）

```ruby
N = 98303

def nCr(n, r)
  result = 1
  1.upto(r) do |i|
    result = result * (n - i + 1) / i
  end
  result
end

width = ""
1.upto(N / 2) do |i|
  if nCr(N, i) % 2 == 0
    width = i
```

```
      break
    end
  end
end
puts width
```

```javascript
N = 98303;

function nCr(n, r){
  var result = 1;
  for (var i = 1; i <= r; i++)
    result = result * (n - i + 1) / i;
  return result;
}

var width = "";
for (var i = 1; i <= N / 2; i++){
  if (nCr(N, i) % 2 == 0){
    width = i;
    break;
  }
}
console.log(width);
```

一点点增加长度，出现偶数后就结束处理。

这种处理方式虽然简单，但也比较花时间。当 N 到 30 000 左右时就会达到处理能力的极限。使用 JavaScript 时会因为数位溢出而没法求出正确答案。

如果从 A 到 B 的移动距离较短，则没有问题，但在距离较长时就需要优化了。

　　这里我们想知道的是，C_m^n 是偶数还是奇数。思考一下最开始 C_m^n 是偶数的情形，当 m 是偶数时，C_m^1 是偶数，所以 n 等于 1。

　　另外，思考一下当 m 是奇数时，C_m^{n-1} 是奇数而 C_m^n 是偶数的情形。序章中出现过 $C_m^n = C_m^{n-1} \times (m-n+1)/n$。也就是说，要使 C_m^n 一开始就是偶数，C_m^{n-1} 就得是奇数，那么 n 必须是偶数，才能使 m 为奇数而 $(m-n+1)/n$ 为偶数。

因此，如果 $n=2b$，C_m^n 就变成了 C_m^{2b}，以下式子中的分母和分子的个数都是偶数。

$$\frac{m\times(m-1)\times\cdots\times(m-2b+1)}{2b\times(2b-1)\times\cdots\times1}$$

偶数无论是乘以偶数还是乘以奇数，它的奇偶性都不变，所以如果去掉奇数部分，只考虑偶数部分，那么如下面的式子所示，奇偶性不变。

$$\frac{(m-1)\times(m-3)\times\cdots\times(m-2b+1)}{2b\times(2b-1)\times\cdots\times2}$$

上面的式子如果用 $m-1=2a$ 置换，就会变成下面这样。

$$\frac{a\times(a-1)\times\cdots\times(a-b+1)}{b\times(b-1)\times\cdots\times1}$$

C_m^n 和 C_a^b 的奇偶性是一致的。重复执行这部分处理，通过调查 a 第一次为偶数的情况就能求出 n 的值了。换句话说，反复用 $m-1$ 除以 2，在此过程中当 a 第一次为偶数时的搜索次数如果为 k，就可以用 2^k 求解。

这里的次数相当于调查用二进制数表示 m 时最右边的 0 的位置。这部分逻辑可以参考代码清单 64.03 和代码清单 64.04 实现。

代码清单 64.03（q64_2.rb）

```
N = 98303

m = N.to_s(2).reverse.index("0")
puts m ? 2 ** m : ""
```

代码清单 64.04（q64_2.js）

```
N = 98303;

m = N.toString(2).split("").reverse().join("").indexOf("0");
console.log((m)? Math.pow(2, m) : "");
```

答案 32 768

IQ 130　　目标时间：**30分钟**

Q 65 　n 皇后翻转问题

在学习算法时，我们经常会碰到"八皇后问题"。在格子按 8×8 排列的棋盘中摆放 8 个皇后，任意 2 个皇后不能在同一行、同一列或同一斜线上，这就是八皇后问题。将这个问题泛化为在 $n×n$ 的棋盘上摆放 n 个皇后，这时就叫作 n 皇后问题。

本题我们要活用一下皇后的摆法。将类似于黑白棋那种有黑白两面的棋子逐个摆放在 $n×n$ 的棋盘上。一开始，所有的棋子都白色那一面朝上。

用满足 n 皇后问题的方式摆放棋子，反复翻转皇后位置上的棋子，直到所有格子中的棋子都翻转完成（也就是说，所有的棋子都黑色那一面朝上）。

例如，当 $n=4$ 时，如 图 4.8 所示，有 2 种摆法满足 n 皇后问题，但不管重复多少次都不可能翻转所有的棋子。

当n=4时，有以下2种摆法

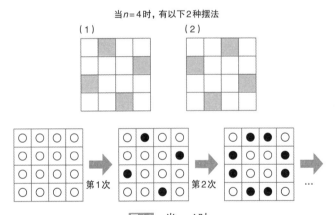

图4.8　当n=4时

当 $n=5$ 时，如 图 4.9 所示，有 10 种摆法，不断重复就可以翻转所有的棋子。

当n=5时，如图所示一共有10种摆法

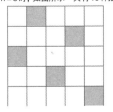

问题

当 $n=7$ 时，至少翻转多少次才能翻转完所有棋子？

图4.9　当n=5时

思路

关于 n 皇后问题，如果 n 较大，那么在求解时就要注意处理效率问题了，当然本题中不需要处理那么大的 n。

n 皇后的摆放可以通过简单的代码来实现。最常用的方法是用比特序列表示各行皇后的位置，同时用位运算表示纵向和斜向的翻转位置。

对于各个位置的左下角、正下方、右下角，用比特序列的方式表示翻转位置。在判断下一行时，左下角使用左移 1 比特后的值，正下方使用当前值，右下角使用右移 1 比特后的值。该值中有比特占位的地方不能摆放皇后。

> 每行放置皇后的位置只有 1 个，所以每行只有 1 处要用比特占位。

> 在表示所有行的情况下，使用数组就可以了。

> 接下来，只要思考这种摆放方式按什么顺序翻转就可以了。

为了搜索翻转的最少次数，我们需要用广度优先搜索的方式反复进行翻转操作。如果所有的棋子都能翻转，则结束搜索。这时，由于当返回到中途出现过的情形时，还会重复相同的处理，所以在搜索过程中要去掉这种情况。具体可参考代码清单 65.01 和代码清单 65.02。

```
代码清单65.01（q65_1.rb）

N = 7

# 生成n皇后
@queens = []
def queen(rows, n, left, down, right)
  if n == N
    @queens.push(rows.clone)
    return
  end
  N.times do |i|
    pos = 1 << i
    if (pos & (left | down | right)) == 0
      # 当其他棋子没有翻转时
      rows[n] = pos
      # 在设置左下角、正下方和右下角后搜索下一行
      l, d, r = left | pos, down | pos, right | pos
      queen(rows, n + 1, l << 1, d, r >> 1)
```

```
      end
    end
  end

  queen([0] * N, 0, 0, 0, 0)

  white, black = [0] * N, [(1 << N) - 1] * N
  fw_log = {white => 0}
  fw = [white]

  depth = 1
  while true do
    # 广度优先搜索
    fw_next = []
    fw.each do |f|
      @queens.each do |q|
        check = [0] * N
        N.times{|i| check[i] = f[i] ^ q[i]}
        # 判断出现过的情况是否再次出现
        if !fw_log[check]
          fw_next.push(check)
          fw_log[check] = depth
        end
      end
    end
    fw = fw_next
    # 如果没有判断对象了，就结束处理
    break if fw.size == 0
    # 在所有棋子翻转完成后结束处理
    break if fw_log[black]
    depth += 1
  end

  if fw_log[black]
    puts fw_log[black]
  else
    puts "0"
  end
```

代码清单 65.02（q65_1.js）

```
N = 7;

// 生成n皇后
var queens = [];
function queen(rows, n, left, down, right){
  if (n == N){
    queens.push(rows.concat());
    return;
  }
  for (var i = 0; i < N; i++){
    var pos = 1 << i;
```

```
    if ((pos & (left | down | right)) == 0){
      // 当其他棋子没有翻转时
      rows[n] = pos;
      // 在设置左下角、正下方和右下角后搜索下一行
      [l, d, r] = [left | pos, down | pos, right | pos];
      queen(rows, n + 1, l << 1, d, r >> 1);
    }
  }
}

rows = new Array(N);
for (var i = 0; i < N; i++) rows[i] = 0;
queen(rows, 0, 0, 0, 0);

var white = new Array(N);
for (var i = 0; i < N; i++) white[i] = 0;
var black = new Array(N);
for (var i = 0; i < N; i++) black[i] = (1 << N) - 1;

var fw_log = {white: 0};
var fw = [white];

var depth = 1;
while (true){
  // 广度优先搜索
  fw_next = [];
  fw.forEach(function(f){
    queens.forEach(function(q){
      var check = new Array(N);
      for (var i = 0; i < N; i++) check[i] = f[i] ^ q[i];
      // 判断出现过的情况是否再次出现
      if (!fw_log[check]){
        fw_next.push(check);
        fw_log[check] = depth;
      }
    });
  });
  fw = fw_next;
  // 如果没有判断对象了，就结束处理
  if (fw.length == 0) break;
  // 在所有棋子翻转完成后结束处理
  if (fw_log[black]) break;
  depth++;
}

if (fw_log[black]){
  console.log(fw_log[black]);
} else {
  console.log("0");
}
```

n 皇后部分只用几行代码就搞定啦!

广度优先搜索也没有特别难的地方,只要去掉已经出现过的情况就可以了。

不过,处理花费的时间还是有点多。当 n=5 时还没有什么问题,但当 n=7 时,处理时间就有点长了。

在广度优先搜索的情况下,随着搜索路径加深,搜索类型也会不断增加。因此,我们选择进行双向搜索。在本题中,全部翻转为黑色相当于从白色开始翻转。因此,从两边开始搜索能缩短处理时间。

对前面的处理进行双向搜索,遇到相同的情况就结束处理。这部分逻辑可以通过代码清单 65.03 和代码清单 65.04 实现。

代码清单 65.03 (q65_2.rb)

```ruby
N = 7

# 生成n皇后
@queens = []
def queen(rows, n, left, down, right)
  if n == N
    @queens.push(rows.clone)
    return
  end
  N.times do |i|
    pos = 1 << i
    if (pos & (left | down | right)) == 0
      # 当其他棋子没有翻转时
      rows[n] = pos
      # 在设置左下角、正下方和右下角后搜索下一行
      l, d, r = left | pos, down | pos, right | pos
      queen(rows, n + 1, l << 1, d, r >> 1)
    end
  end
end

queen([0] * N, 0, 0, 0, 0)

white, black = [0] * N, [(1 << N) - 1] * N
fw_log, bw_log = {white => 0}, {black => 0}
fw, bw = [white], [black]

depth = 1
while true do
```

```
  # 顺时针
  fw_next = []
  fw.each do |f|
    @queens.each do |q|
      check = [0] * N
      N.times{|i| check[i] = f[i] ^ q[i]}
      if !fw_log[check]
        fw_next.push(check)
        fw_log[check] = depth
      end
    end
  end
  fw = fw_next
  break if (fw.size == 0) || ((fw & bw).size > 0)
  depth += 1

  # 逆时针
  bw_next = []
  bw.each do |b|
    @queens.each do |q|
      check = [0] * N
      N.times{|i| check[i] = b[i] ^ q[i]}
      if !bw_log[check]
        bw_next.push(check)
        bw_log[check] = depth
      end
    end
  end
  bw = bw_next
  break if (bw.size == 0) || ((fw & bw).size > 0)
  depth += 1
end

if (fw & bw).size > 0
  puts depth
else
  puts 0
end
```

代码清单 65.04（q65_2.js）

```
N = 7;

// 生成n皇后
var queens = [];
function queen(rows, n, left, down, right){
  if (n == N){
    queens.push(rows.concat());
    return;
  }
  for (var i = 0; i < N; i++){
    var pos = 1 << i;
```

```
    if ((pos & (left | down | right)) == 0){
      // 当其他棋子没有翻转时
      // 在设置左下角、正下方和右下角后搜索下一行
      rows[n] = pos;
      [l, d, r] = [left | pos, down | pos, right | pos];
      queen(rows, n + 1, l << 1, d, r >> 1);
    }
  }
}

rows = new Array(N);
for (var i = 0; i < N; i++) rows[i] = 0;
queen(rows, 0, 0, 0, 0);

function array_and(a, b){
  for (var i = 0; i < a.length; i++){
    for (var j = 0; j < b.length; j++){
      var flag = true;
      for (var k = 0; k < N; k++){
        if (a[i][k] != b[j][k])
          flag = false;
      }
      if (flag) return true;
    }
  }
  return false;
}

var white = new Array(N);
for (var i = 0; i < N; i++) white[i] = 0;
var black = new Array(N);
for (var i = 0; i < N; i++) black[i] = (1 << N) - 1;

var fw_log = {white: 0};
var bw_log = {black: 0};
var fw = [white];
var bw = [black];

var depth = 1;
while (true){
  // 顺时针
  var fw_next = [];
  fw.forEach(function(f){
    queens.forEach(function(q){
      var check = new Array(N);
      for (var i = 0; i < N; i++) check[i] = f[i] ^ q[i];
      if (!fw_log[check]){
        fw_next.push(check);
        fw_log[check] = depth;
      }
    });
  });
  fw = fw_next;
```

```
  if ((fw.length == 0) || array_and(fw, bw)) break;
  depth++;

  // 逆时针
  bw_next = [];
  bw.forEach(function(b){
    queens.forEach(function(q){
      var check = new Array(N);
      for (var i = 0; i < N; i++) check[i] = b[i] ^ q[i];
      if (!bw_log[check]){
        bw_next.push(check);
        bw_log[check] = depth;
      }
    });
  });
  bw = bw_next;
  if ((bw.length == 0) || array_and(fw, bw)) break;
  depth++;
}

if (array_and(fw, bw)){
  console.log(depth);
} else {
  console.log(0);
}
```

答案　7 次

IQ 130　**目标时间：30分钟**

整数倍的得票数

不光选举时需要进行投票，偶像团体的选拔等也需要进行投票。投票后查看投票结果的环节也很重要。

本题假设当最后 1 名候选人的得票数为 1 个单位时，其他候选人的得票数是最后 1 名候选人的得票数的整数倍（候选人可以给自己投票，所以最少能得 1 票）。

例如，有 7 人要对 3 名候选人进行投票，则得票数的组合如下所示，一共有 4 种。

5－1－1
4－2－1
3－3－1
3－2－2

* 不考虑候选人的差异，只关注得票数。

在得票数组合为 3－2－2 的情况下，将最后 1 名候选人的得票数设为 1 个单位后，我们会发现其他候选人的得票数并不是它的整数倍，所以这种情况不计入总数。换句话说，上面列出的 4 种情况中符合题意的有 3 种。

> 问题

假设有 100 人对 20 名候选人进行投票，那么得票数一共有多少种组合方式？

候选人的得票数之间不需要都差整数倍，只要前面候选人的得票数是最后 1 名候选人得票数的整数倍就可以了。

Hint!

不用考虑候选人的差异，所以要是不按从多到少或从少到多的顺序排名，可能就会出现重复计数的情况。

想一想在投票数增加的情况下如何实现快速处理。

对所有候选人的投票数进行全局搜索，然后将结果保存到数组中，调查其他候选人的得票数是否为最后 1 名候选人得票数的整数倍。这时，将投票数按从多到少进行排序是关键点。

就拿前面的示例来说，将投票结果保存为 [5, 1, 1]、[4, 2, 1]、[3, 3, 1] 和 [3, 2, 2] 这样的数组，然后用数组中的各元素除以最后 1 个元素，如果余数为 0，就满足条件。

这里是用余数是否为 0 来判断其他候选人的得票数是否为最后一名候选人得票数的整数倍，对吧？

接下来只要思考如何保存到数组中就可以了吧？

从数组的末尾开始依次设置比后一个值要大的得票数。

一开始，数组的所有元素都设置为 0，然后从末尾开始按照递归的方式依次设置得票数。为了便于判断，最后再添加 1 个值为 1 的哨兵位。具体可以参考代码清单 66.01 和代码清单 66.02 实现。

代码清单 66.01（q66_1.rb）

```
M, N = 20, 100

def search(m, n, vote)
  return (n == 0) ? 1 : 0 if m == 0
  cnt = 0
  vote[m].upto(n / m) do |i|
    vote[m - 1] = i
    if (vote[m - 1] % vote[M - 1]) == 0
      cnt += search(m - 1, n - i, vote)
    end
  end
  cnt
end

puts search(M, N, [0] * M + [1])
```

代码清单66.02（q66_1.js）

```javascript
M = 20;
N = 100;

function search(m, n, vote){
  if (m == 0) return (n == 0) ? 1 : 0;
  var cnt = 0;
  for (var i = vote[m]; i <= n / m; i++){
    vote[m - 1] = i;
    if ((vote[m - 1] % vote[M - 1]) == 0){
      cnt += search(m - 1, n - i, vote);
    }
  }
  return cnt;
}

var vote = new Array(M + 1);
for (var i = 0; i < M; i++){
  vote[i] = 0;
}
vote[M] = 1;
console.log(search(M, N, vote));
```

 为什么要设置哨兵位呢？

 因为设置哨兵位之后，在设置比右边的元素更大的值时，就不需要判断是否越界了。

 在搜索时，要注意重复分配数字的上限次数是 n/m。如果分配的次数比这个值大，就不能再分配更大的数了。

　　但是，在用这种方法的情况下，随着投票人数增加，处理时间也会急剧增加。这里我们稍微做一些优化，让其他候选人的得票数能够除尽最后 1 名候选人的得票数。

　　拿前面的示例来说，当最后 1 名候选人的得票数是 1 时，问题就变成了由剩余 2 名候选人分 6 票时一共有多少种分法。当然，当最后 1 名候选人的得票数是 2 时，剩余 2 名候选人的得票数不能为每人 2.5 票。

　　将这部分逻辑进行内存化，用递归的方式进行处理。具体可参考代码清单 66.03 和代码清单 66.04。

代码清单 66.03（q66_2.rb）

```ruby
M, N = 20, 100

# 搜索m个数的总和是k的情况的个数
@memo = {}
def split(m, k)
  return @memo[[m, k]] if @memo[[m, k]]
  return 1 if (m == 1) || (m == k)
  return 0 if k < m
  @memo[[m, k]] = split(m - 1, k - 1) + split(m, k - m)
end

cnt = 0
1.upto(N / M) do |k|
  cnt += split(M - 1, (N - k) / k) if (N - k) % k == 0
end
puts cnt
```

代码清单 66.04（q66_2.js）

```javascript
M = 20;
N = 100;

// 搜索m个数的总和是k的情况的个数
var memo = [];
function split(m, k){
  if (memo[[m, k]]) return memo[[m, k]];
  if ((m == 1) || (m == k)) return 1;
  if (k < m) return 0;
  return memo[[m, k]] = split(m - 1, k - 1) + split(m, k - m);
}

var cnt = 0;
for (var k = 1; k < N / M; k++)
  if ((N - k) % k == 0)
    cnt += split(M - 1, (N - k) / k);
console.log(cnt);
```

从整数倍这一点来说，关键在于要用递归的方式进行处理。

  9 688 804 种

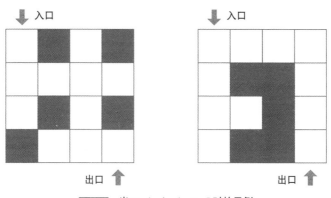

Q 67

IQ 130　**目标时间：30分钟**

迷宫的最长路径

我们在水平方向和垂直方向分别有 w 和 h 个格子的图形上涂色，来制作迷宫。已涂色部分为障碍物，未涂色部分为通道。

在以左上角为入口、以右下角为出口的迷宫中，按照靠右行进的方式每次走 1 个格子。靠右行进是指沿着右侧的障碍物前进，不用求最短路径，只要最后能回到入口或者能走到出口就可以。

在给 n 个格子涂色时，计算从入口到出口之间经过的格子数。当然，本题不包含走不到出口的迷宫。反复经过相同格子的情况需要分别计数，在走到出口后结束处理。

举个例子，当 $w=4$、$h=4$、$n=5$ 时，如 **图4.10** 的左图所示，按照"↓↓↑→→↓↓←→→"的方式前进，因此会经过 11 个格子。即使同样是涂 5 个格子，如果像右图那样涂色，就会经过 15 个格子。

图4.10　当 $w=4$、$h=4$、$n=5$ 时的示例

问题

当 $w=4$、$h=7$、$n=4$ 时，如何涂色才能使路径最长？此时，在最长路径下需要经过的格子数是多少？

虽然可以通过先找出所有的涂色方式，然后分别求路径来求得最长路径，但是这种方式比较花时间。这里，我们可以分两个部分来思考，即制作迷宫的部分和求路径的部分。

制作迷宫就是确定如何放置要涂色的格子。因为要涂色的格子数已经定好了，所以只需要按照给定的格子数放置障碍物就可以了。但是，如果障碍物没有被妥当放置，就会形成无法从入口走到出口的迷宫。

 在迷宫走不通的情况下，还能求它的路径并进行验证吗?

 可以。但是比起求路径，先思考迷宫是否能走通，处理起来会更加简单高效。

关键点

虽然也可以用递归的方式设置要涂色的格子，但这里使用的方法是从所有的格子中选取能走通的格子数的组合。在设置好障碍物后，要判断是否形成了一个可以走通的迷宫，比较常用的方法是从入口处开始，沿着上下左右的方向扩展可走的范围。像 图 4.11 那样扩展可走的范围后，如果能到达出口，我们就可以判断它是一个可以走通的迷宫。

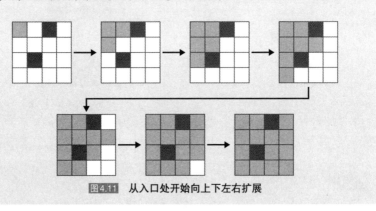

图 4.11 从入口处开始向上下左右扩展

这次的格子大小控制在 32 位，所以给每个格子分配 1 位，用一个整数就可以表示迷宫了。设置好障碍物后，按靠右行进的方式求解即可。

用位表示迷宫有什么好处呢?

这样一来,上下左右的移动就能用位运算的方式处理了,处理速度比较快。

还有一个优点:由于没有使用数组进行处理,所以在进行方法调用时直接传参即可,这样一来,处理完后就不需要重置变量了。

例如,在左移时只要先往左偏移 1 位,然后和预先设置好的掩码进行 AND 运算即可(图 4.12)。同样,往右移动或者上下移动也可以通过位运算实现(代码清单 67.01 和代码清单 67.02)。

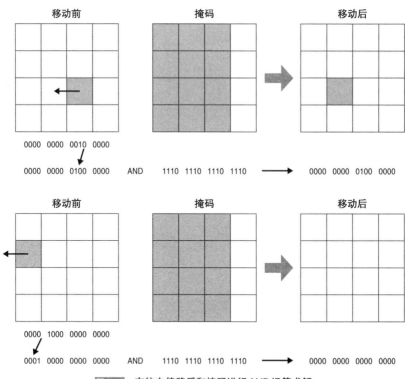

图 4.12 在往左偏移后和掩码进行 AND 运算求解

```
W, H, n = 4, 7, 4

# 移动方向
MASK = (1 << (W * H)) - 1
left, right = 0, 0
H.times do |i|
  left = (left << W) | ((1 << (W - 1)) - 1)
  right = (right << W) | ((1 << W) - 2)
end

# 用位运算求出移动位置
@move = [lambda{|m| (m >> 1) & left}, # 右
         lambda{|m| (m << W) & MASK}, # 上
         lambda{|m| (m << 1) & right}, # 左
         lambda{|m| m >> W}] # 下

# 判断迷宫是否能走通
def enable(maze)
  man = (1 << (W * H - 1)) & (MASK - maze) # 从左上角开始移动
  while true do
    next_man = man
    @move.each{|m| next_man |= m.call(man)} # 向上下左右移动
    next_man &= (MASK - maze) # 可在没有障碍物的地方移动
    return true if next_man & 1 == 1 # 如果能行进到右下角，则表示迷宫
能走通
    break if man == next_man
    man = next_man
  end
  false
end

# map：放置障碍物
# p1, d1：第1个人的位置、移动方向
def search(maze, p1, d1, depth)
  return depth if p1 == 1
  @move.size.times do |i| # 搜索靠右行进的方向
    d = (d1 - 1 + i + @move.size) % @move.size
    if @move[d].call(p1) & (MASK - maze) > 0
      return search(maze, @move[d].call(p1), d, depth + 1)
    end
  end
  0
end

max = 0
(0..(W * H - 1)).to_a.combination(n) do |pos|
  maze = pos.map{|i| 1 << i}.inject(:|)
  if enable(maze)
    man_a = 1 << (W * H - 1)
    # 从左上角开始往下移动
    max = [search(maze, man_a, 3, 1), max].max
  end
```

```
end
puts max
```

代码清单67.02（q67.js）

```js
W = 4;
H = 7;
n = 4;

// 移动方向
MASK = (1 << (W * H)) - 1;
var left = 0, right = 0;
for (var i = 0; i < H; i++){
  left = (left << W) | ((1 << (W - 1)) - 1);
  right = (right << W) | ((1 << W) - 2);
}

// 用位运算求出移动位置
var move = [function(m){ return (m >> 1) & left;},
            function(m){ return (m >> 1) & left;}, // 右
            function(m){ return (m << W) & MASK;}, // 上
            function(m){ return (m << 1) & right;}, // 左
            function(m){ return m >> W;}]; // 下

// 判断迷宫是否能走通
function enable(maze){
  // 从左上角开始移动
  var man = (1 << (W * H - 1)) & (MASK - maze);
  while (true){
    var next_man = man;
    for (var i = 0; i < move.length; i++)
      next_man |= move[i](man); // 向上下左右移动
    next_man &= (MASK - maze); // 可在没有障碍物的地方移动
    if (next_man & 1 == 1) return true; // 如果能行进到右下角，则表
示迷宫能走通
    if (man == next_man) break;
    man = next_man;
  }
  return false;
}

// map：放置障碍物
// p1, d1：第1个人的位置、移动方向
function search(maze, p1, d1, depth){
  if (p1 == 1) return depth;
  for (var i = 0; i < move.length; i++){
    // 搜索靠右行进的方向
    var d = (d1 - 1 + i + move.length) % move.length;
    if ((move[d](p1) & (MASK - maze)) > 0){
      return search(maze, move[d](p1), d, depth + 1);
    }
  }
```

```
    return 0;
  }

  // 列举数组的组合
  Array.prototype.combination = function(n){
    var result = [];
    if (n == 0) return result;
    for (var i = 0; i <= this.length - n; i++){
      if (n > 1){
        var combi = this.slice(i + 1).combination(n - 1);
        for (var j = 0; j < combi.length; j++){
          result.push([this[i]].concat(combi[j]));
        }
      } else {
        result.push([this[i]]);
      }
    }
    return result;
  }

  var max = 0;
  var maze_array = new Array(W * H);
  for (var i = 0; i < W * H; i++)
    maze_array[i] = i;
  var wall = maze_array.combination(n);
  for (var i = 0; i < wall.length; i++){
    var maze = 0;
    for (var j = 0; j < wall[i].length; j++)
      maze |= 1 << wall[i][j];
    if (enable(maze)){
      var man_a = 1 << (W * H - 1);
      // 从左上角开始往下移动
      max = Math.max(search(maze, man_a, 3, 1), max);
    }
  }
  console.log(max);
```

 这种使用了比特序列的方法可以简化代码，但是一旦超过 32 位，就要注意它是否能被正确处理。

 在 Ruby 中没有出现问题的情况下，也要注意 JavaScript 中是否出现了问题。

 答案 24 个

Base64 格式反转

　　假设有一个由 A～Z 和 a～z 这 52 个字符组成的长度为 $3n$ 的字符串。将它们由 ASCII 码（表 4.2）编译成 Base64 格式（表 4.3），再进行左右反转。

　　然后对 Base64 解码，比较解码后有哪些字符和原来字符串中的字符相同，将这些包含在原来字符串中的字符种类作为 mn 输出。

　　例如，当 $n=1$ 时，对字符串 TQU 进行编码后得到 VFFV，左右反转并解码后，又会恢复成 TQU。此时用到了 T、Q 和 U 这 3 种字符。

　　同样，DQQ、fYY 用到了 2 种字符。当 $n=1$ 时，UUU 只用到了 1 种字符，所以输出 1。

表 4.2　ASCII 编码表

上 \ 下	000	001	010	011	100	101	110	111
01000		A	B	C	D	E	F	G
01001	H	I	J	K	L	M	N	O
01010	P	Q	R	S	T	U	V	W
01011	X	Y	Z					
01100		a	b	c	d	e	f	g
01101	h	i	j	k	l	m	n	o
01110	p	q	r	s	t	u	v	w
01111	x	y	z					

表 4.3　Base64 编码表

上 \ 下	000	001	010	011	100	101	110	111
000	A	B	C	D	E	F	G	H
001	I	J	K	L	M	N	O	P
010	Q	R	S	T	U	V	W	X
011	Y	Z	a	b	c	d	e	f
100	g	h	i	j	k	l	m	n
101	o	p	q	r	s	t	u	v
110	w	x	Y	z	0	1	2	3
111	4	5	6	7	8	9	+	/

问题

　　当 $n=5$ 时，满足上述条件的情况一共有多少种？

只支持传输 7 位数据的电子邮件中，要传输多字节字符就要用到 Base64。它由 A～Z、a～z 和 0～9 这 62 个字符加上 + 和 / 组成，不足部分用 = 补齐。如果使用这种方式，那么即便在只支持 7 位传输数据的环境中，也能正确发送和接收邮件。

但是，8 位的数据需要按 6 位一组（有 64 种字符，所以是 2^6）进行转换，所以数据量是原来的 4/3 倍。也就是说，本题中长度为 $3n$ 的 ASCII 字符串如果要转换为 Base64 字符串，它的位数就是 $8×3n=6×4n$，长度为 $4n$。

现在 Base64 仍是我们实际工作中常用的编码方法。

在这道题中，转换后的 Base64 字符串是左右对称的，那就不用考虑使用 = 补齐的问题了吧?

是的。接下来，我们对照编码表来找一找规律吧。

仔细观察一下前面的示例，看是否有规律可循。首先来看一下把 ASCII 的 TQU 转换为 Base64 的 VFFV 的详细过程（图 4.13）。

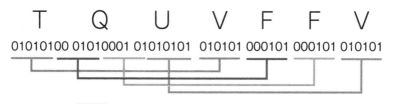

图 4.13　把 TQU（ASCII 码）转换为 VFFV（Base64）

这样来看，Base64 最左边的字符对应的是 ASCII 开头的 6 位。查找 Base64 编码表可以发现其中有以 1 开头的字符，而 ASCII 编码表中没有以 1 开头的字符。也就是说，Base64 编码表的下半部分不可能出现在转换前的 ASCII 字符串的最左边。

对于有 3 个字符的 ASCII 字符串，我们可以再进一步进行思考。结果如下所示。

输入的 ASCII 字符串	01xxxxxx 01yyyyyy 01zzzzzz

Base64 字符串	01xxxx xx01yy yyyy01 zzzzzz
反转后的Base64字符串	zzzzzz yyyy01 xx01yy 01xxxx
输出的ASCII字符串	zzzzzzyy yy01xx01 yy01xxxx

为了输出由 A～Z 和 a～z 组成的 ASCII 字符串，我们只能输出以 01 开头的字符串。对上表进行整理后，结果如下所示。

输入的ASCII字符串	01xxxxxx 0101yy01 0101zzzz
Base64 字符串	01xxxx xx0101 yy0101 01zzzz
反转后的Base64字符串	01zzzz yy0101 xx0101 01xxxx
输出的ASCII字符串	01zzzzyy 0101xx01 0101xxxx

关键点

通过上面的内容我们可以发现，ASCII 字符串中间的字符以 0101 开头，以 01 结尾。符合这个条件的字符只有 Q、U 和 Y。而且，在最左边的字符确定下来之后，最右边的字符自然也就确定下来了。

例如，当中间的字符是 Q 时，如果左边是 D，右边就是 Q，如果左边是 H，右边就是 R。研究一下就能得到如 表 4.4 所示的对应关系。由于不会出现表中没有的组合，所以我们可以进一步缩小搜索的范围。

表4.4 当中间的字符是Q、U、Y时的组合

中间的字符	所有的字符组合
Q	DQQ、HQR、LQS、PQT、TQU、XQV、dQY、hQZ
U	AUP、EUQ、IUR、MUS、QUT、UUU、YUV、aUX、eUY、iUZ
Y	BYP、FYQ、JYR、NYS、RYT、VYU、ZYV、bYX、fYY、jYZ

原来如此。事先排除不可能出现的组合就省事多了。

对，可以缩小搜索范围。

再用同样的方法思考一下有 6 个字符的 ASCII 字符串吧!

输入	01aaaaaa 0101bb01 0101cccc 01dddddd 0101ee01 0101ffff

Base64	01aaaa aa0101 bb0101 01cccc 01dddd dd0101 ee0101 01ffff
反转	01ffff ee0101 dd0101 01dddd 01cccc bb0101 aa0101 01aaaa
输出	01ffffee 0101dd01 0101dddd 01ccccbb 0101aa01 0101aaaa

从上表中我们可以发现，第 2 个字符和第 5 个字符都以 0101 开头，以 01 结尾。如果是这种长度为 $3n$ 的字符串，那么把每 3 个 1 组的字符确定下来之后，就能生成整个字符串。

如果只考虑两端，那么把左边的字符确定下来之后，右边的字符也能确定下来，但是在它们中间的字符就没那么容易确定了。一般来说，当字符串的长度为 $3n$ 时，在 n 是奇数的情形下和 n 是偶数的情形下，位置会交替变换（请务必把 n 的值依次递增并思考一下）。

在递归生成字符串时交替变换位置的程序如代码清单 68.01 和代码清单 68.02 所示。

代码清单 68.01（q68_1.rb）

```ruby
N = 5

# 准备好左右两边和中间的字符表
@l = ["DHLPTXdh", "AEIMQUYaei", "BFJNRVZbfj"]
@c = "QUY"
@r = ["QRSTUVYZ", "PQRSTUVXYZ", "PQRSTUVXYZ"]

def search(n, flag, left, right)
  if n == 0
    return ((left + right).split("").uniq.length == N) ? 1 : 0
  end
  cnt = 0
  @c.length.times do |i|      # 确定中间的字符
    @l[i].length.times do |j| # 确定左右两边的字符
      # 在交替设置的同时进行搜索
      if flag
        cnt += search(n - 1, !flag, left + @l[i][j],
                      @c[i] + @r[i][j] + right)
      else
        cnt += search(n - 1, !flag, left + @c[i] + @r[i][j],
                      @l[i][j] + right)
      end
    end
  end
  cnt
end

puts search(N, true, "", "")
```

代码清单68.02（q68_1.js）

```javascript
N = 5;

// 准备好左右两边和中间的字符表
var l = ["DHLPTXdh", "AEIMQUYaei", "BFJNRVZbfj"];
var c = "QUY";
var r = ["QRSTUVYZ", "PQRSTUVXYZ", "PQRSTUVXYZ"];

function search(n, flag, left, right){
  if (n == 0){
    ary = (left + right).split("");
    uniq = ary.filter((x, i, self) => self.indexOf(x) === i);
    return (uniq.length == N) ? 1 : 0;
  }
  var cnt = 0;
  for (var i = 0; i < c.length; i++){        // 确定中间的字符
    for (var j = 0; j < l[i].length; j++){ // 确定左右两边的字符
      // 在交替设置的同时进行搜索
      if (flag){
        cnt += search(n - 1, !flag, left + l[i][j],
                      c[i] + r[i][j] + right);
      } else {
        cnt += search(n - 1, !flag, left + c[i] + r[i][j],
                      l[i][j] + right);
      }
    }
  }
  return cnt;
}

console.log(search(N, true, "", ""));
```

通过生成的字符串可以看出，反转之后的字符串的确是相同的。

不过，处理时间有点长。

我们只需要求组合数，直接计算就可以了。

对于生成的字符串，如果以 3 个字符为单位来思考，就没必要按顺序求排列组合的个数了。这里只要统计每组中使用的 3 个字符的不同个数就可以了。

例如，DQQ 使用了 D 和 Q 这两种字符，UUU 只用了 U 这一种字符。

当然，像 YUV 和 VYU 这种不同的字符串中使用了相同类型字符的情况也要计数。

这里可以先求出字符串有多少种组合，再按照指定字符串的长度用递归的方式进行搜索（代码清单 68.03 和代码清单 68.04）。

代码清单 68.03（q68_2.rb）

```ruby
N = 5

# 准备好左右两边和中间的字符表
l = ["DHLPTXdh", "AEIMQUYaei", "BFJNRVZbfj"]
c = "QUY"
r = ["QRSTUVYZ", "PQRSTUVXYZ", "PQRSTUVXYZ"]

# 统计3个字符中使用的字符种类
@ascii = {}
c.length.times do |i|
  l[i].length.times do |j|
    cnt = [l[i][j], c[i], r[i][j]].uniq.length
    key = [l[i][j], c[i], r[i][j]].uniq.sort
    @ascii[cnt] = Hash.new(0) if !@ascii[cnt]
    @ascii[cnt][key] += 1
  end
end

# n : 字符串的长度
# d : 字符串的种类
def search(n, d)
  return @ascii[d] ? @ascii[d] : {} if n == 1
  result = Hash.new(0)
  1.upto(d) do |i|
    search(n - 1, i).each do |char1, cnt1|
      @ascii.each do |len, chars|
        chars.each do |char2, cnt2|
          if (char1 + char2).uniq.length == d
            # 如果字符串的种类相同，则计算组合数
            result[(char1 + char2).uniq.sort] += cnt1 * cnt2
          end
        end
      end
    end
  end
  result
end

puts search(N, N).values.inject(:+)
```

代码清单 68.04（q68_2.js）

```javascript
N = 5;
```

```
// 准备好左右两边和中间的字符表
var l = ["DHLPTXdh", "AEIMQUYaei", "BFJNRVZbfj"];
var c = "QUY";
var r = ["QRSTUVYZ", "PQRSTUVXYZ", "PQRSTUVXYZ"];

// 去掉重复的字符串
function unique(str){
  var ary = str.split("");
  var uniq = ary.filter((x, i, self) => self.indexOf(x) === i);
  uniq.sort();
  return uniq.join("");
}

// 统计 3 个字符中使用的字符种类
var ascii = {};
for (var i = 0;  i < c.length; i++){
  for (var j = 0; j < l[i].length; j++){
    var uniq = unique(l[i][j] + c[i] + r[i][j]);
    var cnt = uniq.length;
    if (!ascii[cnt]) ascii[cnt] = {};
    if (ascii[cnt][uniq]){
      ascii[cnt][uniq]++;
    } else {
      ascii[cnt][uniq] = 1;
    }
  }
}

// n : 字符串的长度
// d : 字符串的种类
function search(n, d){
  if (n == 1) return ascii[d] ? ascii[d] : {};
  var result = {};
  for (var i = 1; i <= d; i++){
    var chars = search(n - 1, i);
    for (char1 in chars){
      for (len in ascii){
        for (char2 in ascii[len]){
          var uniq = unique(char1 + char2);
          if (uniq.length == d){
            // 如果字符串的种类相同，则计算组合数
            if (!result[uniq]) result[uniq] = 0;
            result[uniq] += chars[char1] * ascii[len][char2];
          }
        }
      }
    }
  }
  return result;
}

sum = 0;
var chars = search(N, N);
```

```
for (i in chars){
  sum += chars[i];
}
console.log(sum);
```

 为什么在 JavaScript 中键值用的是字符串而不是数组?

 因为 Ruby 中可以用数组存储哈希值,而 JavaScript 中不可以吗?

 是的。将字符串作为键值去重后,才能转换为数组进行处理。

 在用这种方法时,我们不知道生成了什么样的字符串,所以调试难度较大,但是处理速度很快。

 答案 52 500 种

 前辈的 **小讲堂**

Base64 的其他用途

除了本题中提到的通过电子邮件传输多字节字符的情况,还有许多地方会用到 Base64。下面介绍的就是其中几个例子。

- 电子邮件附件中使用的 MIME 编码
- ASP.NET 中的 ViewState
- 在 Web 页面中嵌入图像的 Data URI scheme
- 在以 Web 表单形式传输字符串时用到的 URL 编码
- 作为 HTTP 认证方式之一的 Basic 认证

Q69

IQ 150　**目标时间：50分钟**

文件数各异的文件夹结构

假设要在使用 Windows 系统的计算机中把 n 个文件保存到文件夹里。但是，这些文件要保存在不同文件夹里，而且各个文件夹中保存的文件个数都不相同。

Windows 中会分别计算文件个数和文件夹个数，所以新建文件夹不会增加文件的个数。另外，在计算文件个数时，不仅会包括当前路径下的文件个数，还会包括通过递归搜索得到的当前路径下各文件夹中的文件个数。 图 4.14 中有 5 个文件夹，但是每个文件夹中的文件个数都不相同。

本题求的就是一共可以构建多少个这样的文件夹结构。这里，我们忽略文件夹的名称，也不考虑文件夹的排序方式。另外，我们也不考虑文件夹路径下同时包含文件和子文件夹的情形。

举个例子，当 $n=6$ 时，如 图 4.15 所示，满足条件的文件夹结构一共有 6 种。

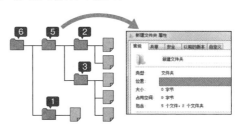

图 4.14　不同的文件夹有不同个数的文件

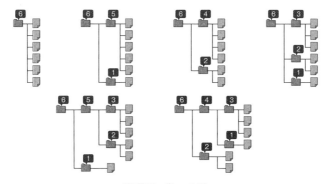

图 4.15　当 $n=6$ 时

问题

当 $n=25$ 时，满足条件的文件夹结构一共有多少种呢？

思路

由于所有文件夹中保存的文件个数都不相同，所以不可能出现两个文件夹的文件个数相同的情形。而且，上层文件夹中的文件个数一定是下层文件夹中的文件个数之和。

有一种方法可以求解，即从各层开始搜索，然后把各文件夹中的文件个数按照从左到右的顺序排列。例如，前面的示例可以写成下面这样的形式。

6
6、5、1
6、5、1、3、2
6、4、2
6、4、2、3、1
6、3、2、1

 按照这种方式排列，就能看出没有出现相同的数了。

 依次列举每一层的文件个数，还可以防止不同的设置出现相同的数列。

 要如何按这种方式列举呢？

关键点

如 图 4.16 所示，按从左到右的顺序一边分解一边列举。分解时不能出现相同的数，分解到最右边后结束处理。

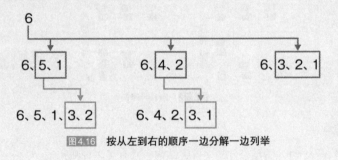

图 4.16 按从左到右的顺序一边分解一边列举

这种分解数的处理可以通过递归的方式实现。比如，相加的结果为 6 的组合有 "5、1" "4、2" 和 "3、2、1"。同样，相加的结果是 5 的组合有 "4、1" 和 "3、2"。列举完所有不重复的数后结束处理。

为了避免重复进行相同的分解，我们可以用内存化和递归的方式来处理。具体如代码清单 69.01 和代码清单 69.02 所示。

代码清单 69.01（q69.rb）

```
N = 25

# 分解数
@memo = {}
def split(n, pre)
  return @memo[[n, pre]] if @memo[[n, pre]]
  result = []
  # 按顺序查找比前一个数更大的数
  pre.upto((n - 1) / 2) do |i|
    result.push([i, n - i])
    split(n - i, i + 1).each do |j|
      result.push([i].push(j).flatten)
    end
  end
  @memo[[n, pre]] = result
end

# 从左往右依次查找
def search(used, pos)
  return 1 if used.length == pos
  # 查找下一个数
  cnt = search(used, pos + 1)
  split(used[pos], 1).each do |i|
    # 分解得到的数，如果不存在相同的数，则搜索下一个
    cnt += search(used + i, pos + 1) if (used & i).size == 0
  end
  cnt
end

puts search([N], 0)
```

代码清单 69.02（q69.js）

```
N = 25;

// 分解数
var memo = {};
function split(n, pre){
  if (memo[[n, pre]]) return memo[[n, pre]];
  var result = [];
  // 按顺序查找比前一个数更大的数
  for (var i = pre; i <= ((n - 1) / 2); i++){
```

```
      result.push([i, n - i]);
      split(n - i, i + 1).forEach(function(j){
        var temp = [i];
        j.forEach(function(k){ temp.push(k); });
        result.push(temp);
      });
    }
    return memo[[n, pre]] = result;
}

// 从左往右依次调查
function search(used, pos){
    if (used.length == pos) return 1;
    // 查找下一个数
    var cnt = search(used, pos + 1);
    split(used[pos], 1).forEach(function(i){
      // 分解得到的数, 如果不存在相同的数, 则搜索下一个
      flag = true;
      for (var j = 0; j < i.length; j++){
        if (used.indexOf(i[j]) >= 0){
          flag = false;
          break;
        }
      }
      if (flag) cnt += search(used.concat(i), pos + 1);
    });
    return cnt;
}

console.log(search([N], 0));
```

分解数的处理会返回一个数组, 所以我们要对返回值处理部分进行优化。

数组元素的查重处理虽然在 Ruby 中实现起来很简单, 但是在 JavaScript 或者其他编程语言中还是需要费一些功夫的。

 答案 14 671 种

不买和他人一样的商品

假设有 n 个糖果袋，每袋有 m 颗口味各不相同的糖果。另外，任意 2 袋糖果之间最多只有 1 种糖果口味相同。

如 图 4.17 左图所示，袋子里的糖果口味都不相同，任意 2 袋之间最多只有 1 种糖果口味相同，因此满足条件。相反，在右图中，同一袋中出现了口味相同的糖果，不同袋之间出现了有 2 种糖果口味相同的情况，所以右图这种糖果装袋方式不满足条件。

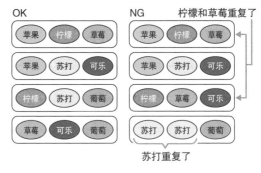

图 4.17　满足条件的示例和不满足条件的示例

思考如果按上面的方式装糖果，至少要准备多少种口味的糖果。举个例子，当 $m=3$、$n=4$ 时，图 4.17 左图就是答案，一共要准备 6 种。

问题

当 $m=10$、$n=12$ 时，至少要准备多少种口味的糖果呢？

例如，当 $m=2$、$n=5$ 时，至少要准备 4 种口味的糖果；当 $m=3$、$n=5$ 时，至少要准备 7 种口味的糖果（图 4.18 ）。

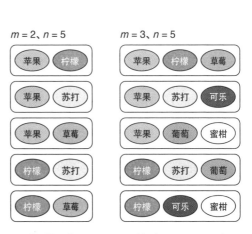

图 4.18　当 $m=2$、$n=5$ 时与当 $m=3$、$n=5$ 时

思路

当 $m \geqslant n$ 时，第 1 个袋子中有 m 种口味的糖果，第 2 个袋子中可以有 1 种口味的糖果与前面那一袋相同，所以第 2 个袋子中有 $m-1$ 种口味的糖果，第 3 个袋子中有 $m-2$ 种，以此类推。由此，我们可以用等差数列求和的方式求出糖果的口味数。

$$m+(m-1)+\cdots+(m-(n-1)) = \frac{1}{2}n(2m-n+1)$$

在等差数列中，第 1 项是 m，公差是 -1，项数是 n，对吗？

如果设等差数列的和是 S，第 1 项是 a，公差是 d，项数是 n，那么等差数列的和就能用下面的公式求解。

$$S = \frac{1}{2}n(2a+(n-1)d)$$

但是，当 $m < n$ 时就没有那么容易求解了。

首先，如下所示，当 $m+1=n$ 时，同一种口味最多用 2 次。例如，当 $m=6$、$n=7$ 时，如果使用 2 次 1，最开始的 2 袋糖果口味就是"1、2、3、4、5、6"和"1、7、8、9、10、11"（ 图4.19 的 A）。然后，剩下的 5 袋糖果使用 2～11 这 10 种口味（ 图4.19 的 B）。剩下的 4×5 个格子也能构成 1 个 $m+1=n$ 的长方形，所以我们可以用递归的方式搜索（ 图4.19 的 C）。

1	2	3	4	5	6
1	7	8	9	10	11

A

1	2	3	4	5	6
1	7	8	9	10	11
2	7				
3	8				
4	9				
5	10				
6	11				

B

1	2	3	4	5	6
1	7	8	9	10	11
2	7	12	13	14	15
3	8	12	16	17	18
4	9	13	16		
5	10	14	17		
6	11	15	18		

C

图4.19 当 $m=6$、$n=7$ 时，使用 2 次 1 的情形

我们再来思考一下 $m+2=n$ 的情形。这时，如果 1 种口味的糖果最多用 3 次，就可以像前面那样用递归的方式搜索。举个例子，当 $m=6$、$n=8$ 时，如 图4.20 所示，需要准备 23 种口味的糖果。

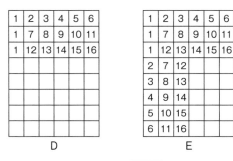

图 4.20 当 $m=6$、$n=8$ 时

考虑到 $m+3=n$ 等都能用相同的方法处理，我们可以用递归的方式实现程序。具体如代码清单 70.01 和代码清单 70.02 所示。

代码清单 70.01（q70_1.rb）

```ruby
M, N = 10, 12

def search(m, n)
  return 0 if m <= 0
  return 1 if m == 1

  # 当m≥n时求等差数列的和
  return n * (2 * m - n + 1) / 2 if m >= n

  # 获取设置了 "1" 的行数
  max = n - m + 1
  # 去掉已设置的部分后再对剩余部分进行递归搜索
  (m - 1) * max + 1 + search(m - max, n - max)
end

puts search(M, N)
```

代码清单 70.02（q70_1.js）

```javascript
M = 10;
N = 12;

function search(m, n){
  if (m <= 0) return 0;
  if (m == 1) return 1;

  // 当m≥n时求等差数列的和
  if (m >= n) return n * (2 * m - n + 1) / 2;

  // 获取设置了 "1" 的行数
  var max = n - m + 1;
  // 去掉已设置的部分后再对剩余部分进行递归搜索
```

```
    return (m - 1) * max + 1 + search(m - max, n - max);
}

console.log(search(M, N));
```

果然，代码变得简洁美观了。

貌似用这种方法可以搞定。但是，得到的结果真的是最小值吗？

实际上不可能这么简单就实现。

　　例如当 $m=4$、$n=7$ 时，在使用前述方法的情况下，如 图4.21 的 G 所示，可以装入 13 种口味的糖果，而实际上用 12 种口味也能实现（ 图4.21 的 H）。同样，在 $m+4=n$ 的示例中，当 $m=4$、$n=8$ 时，像 图4.21 的 I 和 J 那样增加以 1 开头的行，处理起来效率很低。

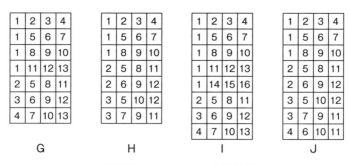

图4.21　当 $m=4$、$n=7$ 时的示例

　　想到一种设置方式后不要着急，可能还有更加高效的方法。通过 图4.21 的示例我们能发现，大量使用某一种糖果的做法效率较低。例如，在 图4.21 的 G 中，1 使用了 4 次，其余的数字（口味）每个都用了 2 次，而在 图4.21 的 I 中，1 使用了 5 次，其余的数字（口味）每个都用了 2 次。与之相比，图4.21 的 H 和 J 中各数字（口味）的使用次数相差不大。

似乎最好能让各种口味出现的次数平均。

将重点放在相同口味糖果的使用个数上，应该就能实现平均分配了。

让我们试着分别计算一下各种口味的糖果用了多少。

关键点

举个例子，当 $m=3$、$n=5$ 时，准备的糖果如 图 4.22 所示。

糖果的口味		
苹果	柠檬	草莓
苹果	苏打	可乐
苹果	葡萄	牛奶
柠檬	苏打	葡萄
柠檬	可乐	牛奶

⇒

使用个数		
3	3	1
3	2	2
3	2	2
3	2	2
3	2	2

图 4.22　当 $m=3$、$n=5$ 时统计的所用口味

这样一来，要求的种类就变成了"使用个数"的倒数之和。上面的示例就可以表示成下面这样。

$$\frac{1}{3}+\frac{1}{3}+\frac{1}{1}+\frac{1}{3}+\frac{1}{2}+\frac{1}{2}+\frac{1}{3}+\frac{1}{2}+\frac{1}{2}+\frac{1}{3}+\frac{1}{2}+\frac{1}{2}+\frac{1}{3}+\frac{1}{2}+\frac{1}{2}=7$$

也就是说，只要求出这个"使用个数"的倒数之和的最小值就可以了。

这里，考虑到无论哪个袋子里都不能装相同口味的糖果，所以我们把它们一个一个装入其他袋子中。这样一来，每个袋子里的糖果个数之和最多为 $m+n-1$。实际上，从上面的例子中我们也能看出来，每袋中糖果的个数之和都是 $3+5-1=7$。

在哪种情况下会出现最大值呢？

所有袋子中都装上某一种口味的糖果，其他口味的糖果在所有袋子中口味都不相同，这样就会出现最大值了吧？

没错。因为当所有袋子中都装有某一种口味的糖果后，所有袋子中其他糖果的口味就不能再一样了。

　　这里我们来想一下，在 1 个袋子中"使用个数"之和不超过 $m+n-1$ 的情况下，上面记述的倒数之和为最小值的情形。例如，和是 7 的 3 个数的组合有 1+1+5、1+2+4、1+3+3 和 2+2+3。

　　它们的倒数之和分别是 11/5、7/4、5/3、4/3，最小值为 4/3。换句话说，各类糖果的使用个数只要是"3、2、2"，就能得出最小值，不过这时的和是 5 个 4/3，即分数 20/3。比这个数大的整数中最小的是 7。

　　一般而言，要使倒数之和最小，就要尽可能平均分配"使用个数"。换句话说，如果 3 个数之和为 7，就要计算 7/3，得到 2.666...，此时用 2 和 3 的组合就能得到最小值。这部分逻辑可以参考代码清单 70.03 和代码清单 70.04 实现。

代码清单 70.03（q70_2.rb）

```
M, N = 10, 12

# "使用个数" 的最大值
sum = M + N - 1
# 接近平均数的值
ave = sum / M

kind = 0
1.upto(M) do |i|
  if sum == ave * i + (ave + 1) * (M - i)
    kind = (N * (i.to_f / ave + (M - i).to_f / (ave + 1))).ceil
    break
  end
end
puts kind
```

代码清单 70.04（q70_2.js）

```
M = 10;
N = 12;

// "使用个数" 的最大值
var sum = M + N - 1;
// 接近平均数的值
var ave = Math.floor(sum / M);
```

```
var kind = 0;
for (var i = 1; i <= M; i++){
  if (sum == ave * i + (ave + 1) * (M - i)){
    kind = Math.ceil(N * (i / ave + (M - i) / (ave + 1)));
    break;
  }
}
console.log(kind);
```

你知道这是在做什么处理吗？

是在按顺序搜索由相邻 2 个整数之和表示的数，对吗？

是的。例如在用 8 个数来表示 27 这个数时，可以用下面的方式搜索使用平均值附近的 3 和 4 表示的所有形式。

$3 \times 1 + 4 \times 7 = 31 \quad \rightarrow \quad$ NG
$3 \times 2 + 4 \times 6 = 30 \quad \rightarrow \quad$ NG
$3 \times 3 + 4 \times 5 = 29 \quad \rightarrow \quad$ NG
$3 \times 4 + 4 \times 4 = 28 \quad \rightarrow \quad$ NG
$3 \times 5 + 4 \times 3 = 27 \quad \rightarrow \quad$ OK $\cdots \quad 3+3+3+3+3+4+4+4$

我们虽然可以用这种方式得到最小值，但实际上可能没有办法按照这个值分袋装糖果。举个例子，当 $m=2$、$n=7$ 时，执行上面的程序后得到的结果是 4。但是，用 4 种糖果是没有办法按照前述条件分装成袋的，如 图 4.23 所示，需要 5 种才可以。

糖果的口味 使用个数

苹果	柠檬		3	3
苹果	苏打		3	3
苹果	葡萄		3	3
柠檬	苏打	⇒	3	3
柠檬	葡萄		3	3
苏打	可乐		3	2
葡萄	可乐		3	2

图4.23 当 $m=2$、$n=7$ 时需要 5 种口味的糖果

换句话说，我们可以认为用代码清单 70.01 和代码清单 70.02 的代码可以得到最大值，用代码清单 70.03 和代码清单 70.04 的代码可以得到最小值。当它们的结果一致时，能得到正确答案，但当它们的结果不一致时，就需要在其范围内仔细思考了。

在本题中 $m=10$、$n=12$，所以无论执行哪个程序，得到结果都是正确的，即 58。

原来如此。当最大值和最小值相等时，才能求得答案。

在 m 和 n 的值较小的情况下，只要求组合数就可以了，但是当它们的值比较大时，搜索起来就要花一些时间。

答案 58 种（示例如 图 4.24 所示）

1	2	3	4	5	6	7	8	9	10
1	11	12	13	14	15	16	17	18	19
1	20	21	22	23	24	25	26	27	28
2	11	20	29	30	31	32	33	34	35
3	12	21	29	36	37	38	39	40	41
4	13	22	29	42	43	44	45	46	47
5	14	23	30	36	42	48	49	50	51
6	15	24	31	37	43	48	52	53	54
7	16	25	32	38	44	48	55	56	57
8	17	26	33	39	45	49	52	55	58
9	18	27	34	40	46	50	53	56	58
10	19	28	35	41	47	51	54	57	58

图 4.24 按照答案实际装袋的示例

版 权 声 明